Teubner Studienbücher der Geographie

F. Kraas / J. Stadelbauer
Fit ins Geographie-Examen

Teubner Studienbücher der Geographie

Herausgegeben von
Prof. Dr. W. D. Blümel, Stuttgart
Priv.-Doz. Dr. F. Kraas, Bonn
Prof. Dr. H. Kreutzmann, Erlangen
Prof. Dr. E. Löffler, Saarbrücken
Prof. Dr. Dr. h.c. E. Wirth, Erlangen

Die Studienbücher der Geographie wollen wichtige Teilgebiete, Probleme und Methoden des Faches, insbesondere der Allgemeinen Geographie, zur Darstellung bringen. Dabei wird die herkömmliche Systematik der Geographischen Wissenschaft allenfalls als ordnendes Prinzip verstanden. Über Teildisziplinen hinweggreifende Fragestellungen sollen die vielseitigen Verknüpfungen der Problemkreise wenigstens andeutungsweise sichtbar machen. Je nach der Thematik oder dem Forschungsstand werden einige Sachgebiete in theoretischer Analyse oder in weltweiten Übersichten, andere hingegen in räumlicher Einschränkung behandelt. Der Umfang der Studienbücher schließt ein Streben nach Vollständigkeit bei der Behandlung der einzelnen Themen aus. Den Herausgebern liegt besonders daran, Problemstellungen und Denkansätze deutlich werden zu lassen. Großer Wert wird deshalb auf didaktische Verarbeitung sowie klare und verständliche Darstellung gelegt. Die Reihe dient den Studierenden zum ergänzenden Eigenstudium, den Lehrern des Faches zur Fortbildung und den an Einzelheiten interessierten Angehörigen anderer Fächer zur Einführung in Teilgebiete der Geographie.

Fit ins Geographie-Examen

Hilfen für Abschlußarbeit, Klausur und
mündliche Prüfung

Von Dr. rer. nat. Frauke Kraas
Privatdozentin an der Universität Bonn

und Dr. phil. Jörg Stadelbauer
o. Professor an der Universität Freiburg i. Br.

 B.G. Teubner Stuttgart · Leipzig · Wiesbaden 2000

Priv.-Doz. Dr. Frauke Kraas

Geboren 1962; 1981–1987 Studium der Geographie, Biologie, Ethnologie und Philosophie in Bochum und Münster. 1987 Staatsexamen, 1991 Promotion (Münster), 1996 Habilitation (Bonn). 1987–1992 Wissenschaftliche Mitarbeiterin an den Geographischen Instituten in Münster und Bonn. 1992–1998 Wissenschaftliche Assistentin, 1998–1999 Oberassistentin in Bonn. Seit 1999 Heisenberg-Stipendiatin der DFG. 1997 Gerhard-Hess-Preis der Deutschen Forschungsgemeinschaft (DFG).

Geographisches Institut der Universität Bonn, Meckenheimer Allee 166, D-53115 Bonn
e-mail: kraas@giub.uni-bonn.de

Prof. Dr. Jörg Stadelbauer

Geboren 1944; 1963–1969 Studium der Geographie, Geschichte und Lateinischen Philologie. 1969 Staatsexamen, 1972 Promotion, 1979 Habilitation. 1970–1980 Wissenschaftlicher Assistent. 1980–1984 Professor auf Zeit, 1984 apl. Professor in Freiburg. 1985–1987 Heisenberg-Stipendiat der Deutschen Forschungsgemeinschaft. 1987–1991 Universitätsprofessor für Kulturgeographie in Mainz. Seit 1991 ordentlicher Professor für Kulturgeographie in Freiburg.

Institut für Kulturgeographie der Universität Freiburg, D-79085 Freiburg
e-mail: stadel@uni-freiburg.de

Die Deutsche Bibliothek – CIP-Einheitsaufnahme
Ein Titelsatz für diese Publikation ist bei
Der Deutschen Bibliothek erhältlich.

© B. G. Teubner Stuttgart · Leipzig · Wiesbaden 2000
Der Verlag Teubner ist ein Unternehmen der Fachverlagsgruppe Bertelsmann-Springer.

Printed in Germany
Druck und Bindung: Hubert & Co., Göttingen
Umschlagfoto: Karen Lück, Bonn
Konzeption und Layout des Umschlags: Peter Pfitz, Stuttgart

ISBN 3-519-03443-3

Inhalt

1 „Gebrauchsanweisung" - anstelle eines Vorworts

Eine relativ umfangreiche Studienhilfe allein für den Weg zum Geographie-examen - lohnt sich das zu lesen? Wir glauben: ja! Wir wollen Ihr knappes Zeitbudget nicht überstrapazieren, sondern vielmehr einige Hilfestellungen auf dem Weg zum Studienabschluß geben, die Pannen, Ärger und Enttäuschungen - und letztlich auch Zeit (er)sparen helfen. Vor allem aber möchten wir Sie dazu ermutigen, möglichst bald mit dem Examen zu beginnen, möchten Ihnen etwas von der Unsicherheit oder gar Furcht vor dem nahenden letzten Studiumsschritt nehmen und Sie rüsten für die einzelnen Prüfungsteile. Und wir wollen Ihnen vermitteln, daß sich die Mühe des Studienabschlusses lohnt, das Examen Freude und Befriedigung bereitet, Selbstbewußtsein und Zuversicht gibt sowie Ihnen neue, interessante Perspektiven eröffnet.

Leere Haushaltskassen zwingen die Bundesländer derzeit zu Überlegungen, offen oder verkappt Studiengebühren einzuführen, weil die Ausbildung von Nachwuchskräften an unseren Massenuniversitäten immer kostspieliger wird. Gleichzeitig sind intensive Betreuung und begleitender Rat während Studium und Examen für die Lehrenden schwieriger geworden, da zunehmende Dienstleistungen und Verwaltungsarbeiten sowie wachsende Reglementierung der universitären Aufgaben leider immer mehr - anders als von höherer Stelle vorgeblich verfolgt - zu Lasten der Qualität der Lehre und der Betreuung der Studierenden gehen. Auch das private Budget der Studierenden wird schmaler und erfordert angesichts veränderter Werte und gewandelter Bedürfnisse abwägendes Verhalten beim Mitteleinsatz. Das Studium ist nicht mehr - wie vielleicht früher - vor allem ein Lebensabschnitt des Erwachsenwerdens mit gezielter Qualifikation und Selbstfindung, sondern es ist mehr als früher eine von Kosten belastete Wahrnehmung von (Aus-)Bildungsdienstleistungen als Investition in die Zukunft. Sie haben, wenn Sie sich dem Examen nähern, bereits mehrere Jahre an dieser Zukunftsinvestition gearbeitet, und es wäre schade, mit einem nicht Ihren Erwartungen entsprechenden oder gar fehlgeschlagenen Examen auch eine Investitionsruine zu hinterlassen. Widmen Sie sobald wie möglich zwei Semester mit ganzem Einsatz dem Abschluß Ihres Studiums - den größten Teil der Leistungen hierfür haben Sie ja bereits erbracht. Jetzt wappnen Sie sich für den „Endspurt"!

Es ist uns in diesem Rahmen nicht möglich, einen Leitfaden für das gesamte Geographiestudium vorzulegen. Die Abschlußprüfung gilt als Teil des Studiums, wird entsprechend bei den Bestimmungen zur Regelstudienzeit erwähnt

und baut damit auf allen vorausgehenden Studienleistungen auf. Alle Teil-
nahme- und Leistungsnachweise von Vorlesungen, Seminaren, Übungen,
Praktika und Exkursionen, die für eine Anmeldung zur Abschlußprüfung erforderlich sind, bleiben damit unberücksichtigt. Wir gehen davon aus, daß Ihnen die jeweilige Studienordnung bekannt ist und daß das Studium darauf ausgerichtet wurde. Angesprochen werden Abschlüsse mit dem Diplom in Geographie, dem Magister und dem Lehramt an Gymnasien (Sekundarstufe I und
II), nicht jedoch Zwischenprüfung, Vordiplom oder andere Lehramts-
abschlüsse, auch nicht Aufbaustudiengänge, an denen die Geographie beteiligt
ist und in denen ebenfalls Abschlußarbeiten vorgelegt werden, oder gar neue
Bachelor- und Master-Studiengänge. Die Hauptabschnitte aller dieser Abschlußprüfungen - Abschlußarbeit, Klausur, mündliche Prüfung - unterscheiden sich auch dort oft nicht wesentlich von den hier besprochenen Prüfungsabschnitten. Es wird weiterhin nicht auf allgemeine Prüfungsleistungen im
Lehramtsstudiengang eingegangen, wie sie z.b. von der Prüfungsordnung des
Landes Niedersachsen vorgesehen sind oder mit der Novellierung der Prüfungsordnung in Baden-Württemberg anstehen. Lassen Sie sich in den beiden
folgenden Kapiteln nicht von der etwas trockenen Materie der Prüfungsordnungen und Prüfungsformalia abschrecken, die den rechtlichen Rahmen ab-
stecken und daher vor den arbeitstechnischen Hilfen und Hinweisen stehen
müssen.

Es handelt sich bei dem folgenden Text nicht um ein „offizielles" Papier. Alle
Angaben wurden nach bestem Wissen und Gewissen erstellt, sind jedoch ohne
Gewähr, und es besteht hinsichtlich der Hinweise auf Bestimmungen in
Studien- und Prüfungsordnungen sowie der Ratschläge und Überlegungen
keine Rechtsverbindlichkeit. Diese erhalten Sie ausschließlich in Form von
Auskünften von den jeweiligen Prüfungsämtern. Manche Punkte werden auch
unter Zugrundelegung unserer persönlichen Prioritäten ausgeführt und entsprechen subjektiver Einschätzung. Alle Bemerkungen und Anregungen können Sie auch anderswo erhalten - z.B. in einschlägiger Literatur zu Arbeitstechniken (Kap. 8.3), bei der Studienberatung oder bei Ihrem Betreuer
und Prüfer; doch wird im persönlichen Gespräch vielleicht nicht immer alles
bedacht.

Bei der Frage der Zuständigkeit unterscheiden wir drei Ebenen: Auf allgemeine, nur z.t. fachspezifische Fragen und Hinweise geht diese Studienhilfe
ein; weitere Fragen zu Besonderheiten von allgemeinem Interesse mögen im
jeweiligen Examenskolloquium aufgeworfen werden; persönliche Probleme
gehören in das Gespräch mit dem Prüfer. Auch der von der Abschlußprüfung
bestimmte letzte Studienabschnitt ist in dreierlei Hinsicht zu sehen: (1) Da

sind zunächst formale, rechtliche Fragen anzusprechen, die durch Studien- und Prüfungsordnungen oder übergeordnete Rechtsnormen geregelt werden (wie kompliziert dieser Aspekt ist, sehen Sie bereits im folgenden Kapitel). (2) Dann sind inhaltliche und arbeitstechnische Fragen aufzuwerfen, die mit den einzelnen Prüfungsabschnitten zusammenhängen (diesem Bereich von Abschlußarbeit, Klausur und mündlicher Prüfung gilt das Hauptaugenmerk des Buches). (3) Und schließlich gibt es eine individuelle, psychologische Ebene der Examensvorbereitung und -bewältigung, die wir hier nur kurz anreißen können. Nicht Eventualitäten des formalen Prüfungsablaufs oder die Kasuistik unterschiedlicher Prüfungsordnungen, sondern Strategien für einen zügigen und erfolgreichen Studienabschluß sowie technische Hinweise stehen im Vordergrund. Vieles, was Sie im folgenden lesen, erscheint selbstverständlich, bekannt oder gar banal, wie Rezensenten gerne feststellen dürfen; dennoch halten wir aus der Erfahrung immer wiederkehrender Fragen und aus unserem Tagesgeschäft als Betreuer und Prüfer die Zusammenstellung für sinnvoll. Einige wenige Redundanzen sind beabsichtigt, weil wir nicht davon ausgehen, daß jeder das gesamte Buch vollständig in einem Zug durcharbeitet. Manches mag Sie an die Diktion von Oberlehrern erinnern - wir stehen dazu!

Apropos Prüfer: Wir wissen natürlich, daß es nicht nur Prüfer und Kandidaten, sondern auch Prüferinnen und Kandidatinnen gibt, aber es erschien uns im Dienste besserer Lesbarkeit zweckmäßig, zwischen der männlichen und weiblichen Wortform nicht eigens zu unterscheiden. Die Tatsache, daß eine Frau und ein Mann an diesem Text gearbeitet haben, mag Ihnen die Sicherheit vermitteln, daß wir an beide Geschlechter denken. Allerdings glauben wir nicht, daß - abgesehen von den Umständen des jeweils persönlichen Lebensweges - der Studienabschluß einer Frau eine grundsätzlich andere Qualität als der eines Mannes besitzt.

Hingegen gibt es sehr wohl recht verschiedenartige individuelle Examenswege: Was für den einen zutrifft, mag die andere beiseite schieben. Wir erleben ja auch in jedem und jeder Studierenden die individuelle Person; unterschiedliche Typen von Abschlußarbeiten und Arten von Studierenden mit jeweils eigenen Arbeitsweisen sind die Folge. Bei der Durchführung mögen für einzelne Personen sogar Extremsituationen - vor allem im persönlichen Bereich - auftreten, auf die wir nicht differenziert eingehen können. Manche Studierenden werden sich dem Examen jedoch auch so unbekümmert und sicher nähern, daß sie dieser Hinweise nicht bedürfen.

Es kann nicht ausbleiben, daß der folgende Text von den Arbeitsschwerpunkten der Autoren geprägt wird, die im Bereich der Anthropo-, Human- oder Kulturgeographie liegen und regional auf Mitteleuropa, Südostasien und die Nachfolgestaaten der Sowjetunion ausgerichtet sind. Wir wollen auch nicht die Debatte über die Bezeichnungen 'Anthropo-', 'Human-' und 'Kulturgeographie' sowie 'Wirtschafts- und Sozialgeographie' neu aufrollen. Mit diesen Benennungen sind Forschungs- und Lehrfelder bzw. Studienschwerpunkte angesprochen, denen wir uns - unabhängig von der Bezeichnung der Institute und den dort vertretenen Studienrichtungen - besonders verpflichtet fühlen. Die „Sinnfrage" nach dem Zweck des Geographiestudiums soll hier zurückstehen. Wir meinen, daß das Geographiestudium sinnvoll, interessant und zukunftsorientiert ist, daß ein vielfältig aufgeschlossener und gut ausgebildeter Geograph einen Platz auf dem Arbeitsmarkt findet, wenn er die notwendige Flexibilität zeigt, die auch beim Studium immer wieder verlangt wird. Schließlich haben Sie Ihr Geographiestudium aus der Überzeugung begonnen, daß es vielseitig, spannend und durchaus beruflichen Chancen entsprechend angelegt ist, und hoffentlich kam diese Auffassung im Laufe der Semester nicht abhanden.

Grundlage für die folgenden Anregungen sind zunächst die Erfahrungen der Autoren als Betreuer und Prüfer an den Instituten, an denen die Autoren bisher tätig waren, zusätzliche Hinweise einer Reihe von Kollegen sowie Angaben aus dem Internet. Außerdem haben wir Studien- und Prüfungsordnungen zahlreicher Institute in verschiedenen Bundesländern durchgesehen, um eine breite Basis für die formal-rechtliche Seite des Prüfungsablaufs zu gewinnen. Hinweise von „Betroffenen", d.h. Kandidatinnen und Kandidaten, die den Abschluß hinter sich gebracht haben, sind ebenfalls einbezogen, doch hoffen wir auf weitere Anregungen.

Schließlich haben wir uns an den Grundsatz gehalten, daß jedes Manuskript möglichst von mindestens einer weiteren kompetenten Person kritisch gelesen werden sollte. Unser herzlicher Dank gilt dem Herausgeber der Reihe der ‚Bonner Beiträge zur Geographie', in der eine erste Version dieses Leitfadens 1998 bereits in Bonn erschien, Herrn Prof. Dr. R. Grotz, der sich der Mühe einer intensiven Durchsicht unterzog und wichtige Hinweise gab. Ferner gilt unser herzlicher Dank den Kollegen, die dankenswerterweise bereit waren, Teile des Manuskripts zu lesen und jeweils auf institutsspezifische Besonderheiten hinzuweisen, den Herren Prof. Dr. W. Flüchter (Duisburg), Prof. Dr. H. Gebhardt und J. Schellenberg (Heidelberg), Prof. Dr. H. Heineberg (Münster), Prof. Dr. G. Heinritz (München), Prof. Dr. G. Meyer (Mainz), Frau Priv.-Doz. Dr. P. Pohle und Herrn Prof. Dr. U. Scholz (Gießen), den Herren Prof. Dr. H. Popp (Bayreuth), Prof. Dr. K. Rother (Passau), Prof. Dr. W. Schenk (Tübingen), Dr. E. Stiehl (Bonn) und Prof. Dr. R. Wießner (Leipzig) für Ihre hilfreichen Kommentare und Hinweise. Herrn Prof. Dr. Dr. h.c. E.

Wirth (Erlangen) als federführendem Herausgeber der Reihe danken wir sehr für seine engagierte Begleitung und kritische Manuskriptdurchsicht, Herrn Dr. G. Weiß seitens des Verlages für die technische Betreuung.

Bei jeder Arbeit muß man einen Punkt setzen - so auch hier: Redaktionsschluß war - was die Aktualisierung und Novellierung von Studien- und Prüfungsordnungen betrifft - der 31. Dezember 1999. Wenn Sie unzufrieden mit dem Text sind, Änderungen und Ergänzungen wünschen, lassen Sie es uns wissen. Wenn Sie zufrieden sind, sagen Sie es weiter und tragen Sie selbst durch Weitergabe Ihrer Erfahrungen dazu bei, daß auch andere mit größerem Selbstvertrauen (nicht: Selbstüberschätzung) ins Examen einsteigen.

2 Prüfungsordnungen regeln das Verfahren des Studienabschlusses
Einige rechtlich-formelle Rahmenbedingungen

2.1 Studien- und Prüfungsordnungen - ein kaum durchdringbarer Dschungel?

Diplom, Magister und Staatsexamen (Wissenschaftliche Prüfung für das Lehramt an Gymnasien) sind sehr unterschiedliche Studienabschlüsse: Während es sich bei Diplom und Magister um akademische, d.h. von der Universität ausgeführte Abschlüsse handelt, die mit einem Grad (Dipl.-Geogr.; M.A., M.Sc.) belohnt werden, ist das Staatsexamen eine Prüfung, die an der Universität in Zusammenarbeit mit dem jeweils zuständigen staatlichen Prüfungsamt abgelegt wird, an der die Universitätslehrer gewissermaßen im Auftrag und in einer Art Nebentätigkeit beteiligt werden.

Schon beim Studium sind Sie auf verschiedene Studienhilfen gestoßen, deren unterschiedliche Verbindlichkeit oder gar Rechtsgültigkeit Ihnen bewußt sein sollte. Studien- und Prüfungsordnungen sind rechtlich verbindliche, in den jeweiligen ministeriellen Amtsblättern oder von offizieller Universitätsseite veröffentlichte Dokumente, während Studienführer und Kommentiertes Vorlesungsverzeichnis empfehlenden Charakter besitzen und von Universitäten, Fachverbänden, Instituten oder Fachschaften erarbeitet werden. Die Studienordnung beschreibt den Studienweg, auf dem man zur Prüfung gelangt, die Prüfungsordnung faßt jeweils alle für einen Prüfungstyp erforderlichen Bestimmungen an einem Hochschulstandort zusammen. Diese Ordnungen unterliegen wiederum rechtlichen Bestimmungen aus unterschiedlichen Bereichen: Allgemeines Verwaltungsrecht, Beamtenrecht, Hochschulrecht sind die wichtigsten.

Studien- und Prüfungsordnungen werden durch Änderungssatzungen an veränderte Rahmenbedingungen angepaßt und auch immer einmal novelliert. Die durchschnittliche Lebenszeit einer Prüfungsordnung dürfte bei 15 bis 20 Jahren liegen. Gerade die 1990er Jahre brachten wichtige Neuerungen: Die 1990 von der Hochschulrektorenkonferenz und von der Kultusministerkonferenz beschlossene Diplomrahmenordnung (Rahmenordnung für die Diplomprüfung im Studiengang Geographie, 1990) beeinflußte die meisten Novellierungen. Gegen Ende des Jahrzehnts sind universitäre Reformbestrebungen und allgemeine Sparbeschlüsse wichtige exogene Einflußgrößen, die sich letztlich auch auf Ihr Studium auswirken.

Im Prinzip bestimmt jede Universität ihre eigenen Studien- und Prüfungsordnungen für alle jeweils vertretenen Studiengänge; nur beim Lehramt gelten die Regelungen wenigstens jeweils für das gesamte Bundesland. Damit wird deutlich, daß die Zahl der hier eigentlich zu berücksichtigenden Studien- und Prüfungsordnungen weit über 100 liegt. Kasuistik zu betreiben und jede Regelung einzeln aufzuführen, erschien uns unsinnig.

Mit der Internationalisierung von Studiengängen, d.h. der Einführung von Bachelor- und Master-Abschlüssen werden in Zukunft weitere Studiengänge angeboten werden, die (a) in einer Experimentierphase sehr unterschiedlich ausfallen können, bei denen (b) eine geographische Lehrveranstaltung vielleicht nur noch einen Baustein oder ein Modul darstellt, die (c) nach dem ECTS (European Credit Transfer System) hinsichtlich des Arbeitsaufwandes für einzelne Lehrveranstaltungen oder Module bewertet werden und die (d) von den Universitäten selbst genehmigt werden können. Auf diese Studiengänge kann hier nicht eingegangen werden, doch sind Aussagen zu den Prüfungsabschnitten auf die neuen Abschlüsse übertragbar.

Mehrere geographische Institute informieren recht gut mit Broschüren zu den einzelnen Studiengängen (z.B. Gießen und Heidelberg) oder im Internet (z.B. Düsseldorf, Osnabrück und Stuttgart) über Abschlüsse, Studien- und Prüfungsordnungen; es wäre zu wünschen, wenn die anderen Institute bald nachziehen. Aber bedenken Sie: Rechtlich verbindlich sind Internetangaben nicht. Wenn die Homepage nicht ausreichend gepflegt wird, kann sich die ältere Fassung einer Ordnung längere Zeit auf der Datenautobahn tummeln. Schon die *links* auf einzelne Homepages lassen bisweilen zu wünschen übrig, da sie veraltet oder nicht mehr auffindbar sind. Scheuen Sie sich also nicht den Gang zur Studienberatung oder in die jeweils zuständigen Prüfungsämter, wenn offene Fragen bestehen.

Die nachfolgenden Angaben sollen mit Hinweis auf die vorliegenden Prüfungsordnungen, die Ihnen von den entsprechenden Prüfungsämtern ausgehändigt (oder verkauft) werden, relativ kurz gehalten werden. Die vollständigen Texte umfassen jeweils mehrere Seiten. Besorgen und gründliches Lesen vor Beginn der Examensphase wird dringend empfohlen! Rechtsverbindliche Auskünfte erhalten Sie von den Prüfungsämtern. Änderungen von Prüfungsordnungen sind jederzeit möglich, wobei Übergangsfristen eingeräumt werden. Manchmal sind zwei oder gar drei Prüfungsordnungen nebeneinander gültig.

Zwischen der Vorüberlegung zur Novellierung von Ordnungen und dem Inkrafttreten liegt bisweilen ein halbes Jahrzehnt. Erkundigen Sie sich also im Zweifelsfall vor allem danach, welche Prüfungsordnung für Sie in Frage kommt.

2.2 Was regeln die Studien- und Prüfungsordnungen?

Studien- und Prüfungsordnung werden hier zusammengefaßt, um zu verdeutlichen daß die (Abschluß-)Prüfung formal-rechtlich einen Teil des Studiums darstellt. Meist handelt es sich um zwei aufeinander bezogene, aber getrennt voneinander erarbeitete und publizierte Dokumente; für den Diplomstudiengang in Stuttgart existiert seit 1998 eine erstmals kombinierte Studien- und Prüfungsordnung. Wichtige Aussagen aller dieser Ordnungen gelten folgenden Bereichen:

- Regelstudienzeit und Studienaufbau (werden hier nicht näher behandelt)
- Gremien und Institutionen des Prüfungswesens (Prüfungsausschüsse, Prüfungsämter)
- Prüfungsberechtigung und Prüfungskommission (Kap. 3.4)
- Zulassungsvoraussetzungen für die Prüfung, speziell Studienanforderungen mit Studien- und Stoffmenge (in Semesterwochenstunden [SWS]), mit Teilnahme- und Leistungsnachweisen)
- Anerkennung bereits anderweitig erbrachter Leistungen (wird hier nicht näher behandelt)
- Art der Prüfungsleistungen und Prüfungsabschnitte (Kap. 2.5)
- Termine und Fristen (Kap. 3)
- Bewertung von Leistungen (Kap. 2.6)
- Regelungen für den Fall von Versäumnissen, Rücktritt, Täuschungsversuchen und Ordnungsverstößen
- Regelungen des Freiversuchs und der Prüfungswiederholung (Kap. 2.4)
- Sonderregelungen für körperlich Behinderte (werden hier nicht näher behandelt)
- Ungültigkeitserklärung der Prüfung oder von Prüfungsteilen

• Einsichtnahme in Prüfungsakten

• Zeugnisse und Urkunden zum Studienabschluß

Rahmenordnungen, die für den gesamten Geltungsbereich des Hochschulrahmengesetzes (d.h. für die Bundesrepublik Deutschland) erlassen wurden, und jeweils für ein Bundesland geltende Verordnungen für das Lehramtsstudium sollen verhindern, daß die einzelnen Rechtsbestimmungen in den Studien- und Prüfungsordnungen zu weit voneinander abweichen. Andererseits ist eine gewisse Vielfalt unübersehbar, die einer zunehmenden Ausdifferenzierung von Studiengängen entspricht. Selten werden Sie jedoch den Studienort danach gewählt haben, wie die Prüfungsordnung das Prüfungsverfahren regelt; wesentlich wichtiger für die Studienortwahl sind die jeweilige fachliche Ausrichtung der Institute und das dort vorhandene Lehrangebot, über das man sich heute in der Regel recht gut im Internet informieren kann (Zusammenstellung der Instituts-URLs und -links auf der Homepage der Deutschen Gesellschaft für Geographie: http://www.geographie.de/institute/). Ausgesprochen gute und umfangreiche Informationen sind im Internet verfügbar z.B. für die Institute in Berlin (Humboldt-Universität), Düsseldorf, Eichstätt, Osnabrück und Stuttgart.

Die Studien- und Prüfungsordnungen sind übrigens nicht durchweg im Internet abrufbar. Dies mag im einzelnen mit dem Veröffentlichungsrecht zusammenhängen, das häufig entweder beim zuständigen Ministerium oder bei einem Verlag liegt, so daß sich Institute mit der Internet-Veröffentlichung des Volltextes der Ordnungen in eine rechtliche Grauzone begäben.

2.3 Prüfungen in Haupt- und Nebenfächern

Diplomstudium einerseits sowie Lehramts- und Magisterstudium andererseits unterscheiden sich im Studienaufbau schon dadurch, daß das Diplomstudium (wie übrigens auch z.B. der 1998 neu eingeführte M.Sc.-Studiengang in Freiburg) ein Ein-Fach-Studiengang ist, während Sie beim Lehramts- oder Magisterstudium (M.A.) entweder zwei (Haupt-)Fächer gleichberechtigt oder ein Haupt- und zwei Nebenfächer studieren. Jüngere Empfehlungen für das Lehramtsstudium verweisen darauf, daß sich die Einstellungschancen bei der Wahl eines zusätzlichen (dritten bzw. sogar vierten) Faches deutlich erhöhen. Einige Diplomprüfungsordnungen bieten an, Prüfungen zu Nebenfachanforderungen in weiteren Nebenfächern zu berücksichtigen; die dort erzielten Bewertungen werden auf Wunsch des Kandidaten in das Zeugnis übernommen, bleiben bei der Berechnung der Gesamtnote jedoch unberücksichtigt.

Die Studien- und Prüfungsordnungen legen die Abschlußbedingungen bei Zwei- und Dreifächerstudiengängen getrennt für Geographie als Haupt-, Neben- bzw. Bei- oder Erweiterungsfach fest; diese Nebenfachanforderungen liegen deutlich höher als die Anforderungen bei den Nebenfächern in den Diplomstudiengängen.

Von Ihrem Studienaufbau wissen Sie, daß das Studium im Hauptfach etwa 64 bis 80 SWS umfaßt, das Studium im Nebenfach eines Mehr-Fächer-Studiengangs etwa 32 bis 40 SWS. Das Nebenfachstudium für das Diplom in Geographie bleibt dagegen in der Regel unter 25 SWS je Nebenfach; wenn im Grund- und Hauptstudium unterschiedliche Nebenfächer gewählt werden können oder sogar müssen, bleiben je Nebenfach gerade 10 bis 12 SWS übrig. Das in Zahl der SWS nachzuweisende Studienvolumen wird für die internationale Vergleichbarkeit in zunehmendem Maß auch mit ECTS-Punkten (den in den USA üblichen *credit points* entsprechend; ECTS = European Credit Transfer System) angegeben. Je nach üblichem Arbeitsaufwand für die Vor- und Nachbereitung entsprechen einer SWS ein oder mehrere ECTS-Punkte.

Um die Bestimmungen etwas detaillierter dokumentieren zu können, wählen wir im folgenden die Prüfungsordnungen für das Lehramt in Nordrhein-Westfalen (Beispiel Bonn) und Baden-Württemberg (Beispielstandort Freiburg) aus.

Beispiel Staatsexamen in Bonn (Nordrhein-Westfalen): Zulassungsvoraussetzungen, schriftliche Hausarbeit, Prüfung

Für Studierende, die vor dem WS 1994/95 ihr Lehramtsstudium aufgenommen haben, gilt i.d.R. die Lehramtsprüfungsordnung von 1981 (in Einzelfällen evtl. noch die von 1976), auf die im folgenden nicht mehr gesondert Bezug genommen wird. Für Studierende, die im WS 1994/95 mit dem Lehramtsstudium begonnen haben, gilt die Lehramtsprüfungsordnung mit Stand vom 23.8.1994 (im weiteren nur noch ohne Datum als „LPO" zitiert).

„Das ordnungsgemäße Lehramtsstudium umfaßt etwa 64 Semesterwochenstunden (abgekürzt SWS); 36 SWS sind in bestimmten Gebieten zu studieren (Pflichtbereich), 24 SWS müssen nach Wahl des Studierenden studiert werden (Wahlpflichtbereich) und 4 SWS können in Nachbarfächern studiert werden (Wahlbereich). Außerdem ist zu beachten, daß neben der wissenschaftlichen Fachausbildung gleichzeitig auch die vorgeschriebenen fachdidaktischen Veranstaltungen aus dem erziehungswissenschaftlichen Bereich absolviert werden" (*Studienführer Geographie*, 1998: 55).

In Bonn sind nur einige Professoren dazu berechtigt, als Hauptprüfer für das Staatsexamen zu fungieren; ähnlich wird auch mit Zweitgutachtern für die Staatsarbeit sowie die schriftlichen und mündlichen Prüfungen verfahren. Erkundigen Sie sich rechtzeitig vor Beginn Ihrer Examensphase, welche Lehrende für Prüfungen zugelassen sind.

Es bestehen unterschiedliche Studien- und Prüfungsordnungen (je nach Studienbeginn) - eine verbindliche Auskunft über die für Sie geltende Prüfungsordnung erhalten Sie vom Staatlichen Prüfungsamt für Erste Staatsprüfungen für Lehrämter.

Für die Staatsexamensprüfung sind drei Prüfungsleistungen zu erbringen (Ministerium für Schule und Weiterbildung ... 1997: 23):

1. Die schriftliche Hausarbeit muß in einem der beiden Fächer (gilt für S I und S II) in einem Zeitraum vom drei Monaten geschrieben werden; bei Versuchsreihen und empirischen Untersuchungen ist eine Verlängerung um maximal zwei Monate möglich.

2. Je eine Klausur ist in Erziehungswissenschaft und den beiden Fächern (gilt für S I und S II) sowie für S II zudem eine weitere Klausur in dem Fach zu schreiben, in dem nicht die schriftliche Hausarbeit angefertigt wurde.

3. Die mündlichen Prüfungen in Erziehungswissenschaft und jeweils in den beiden Fächern werden als Einzelprüfungen abgelegt.

Die schriftliche Hausarbeit - oft auch kurz als "Zulassungsarbeit" bezeichnet - kann für S I nach dem 5., für S II nach dem 6. Semester angefertigt werden; sie soll spätestens im 6. (S. I) bzw. 8. Semester (S II) geschrieben werden. Alle Prüfungsleistungen müssen innerhalb von zwölf Monaten erbracht werden. Im einzelnen ist das Prüfungsverfahren in den § 9-30 LPO geregelt.

Beispiel Staatsexamen in Freiburg (Baden-Württemberg): Zulassungsvoraussetzungen, Zulassungsarbeit, Prüfung

Das Verfahren des Studienabschlusses mit dem Staatsexamen (offiziell heißt dies: „Wissenschaftliche Prüfung für das Lehramt an Gymnasien") wird derzeit noch von der Prüfungsordnung vom 2. Dezember 1977 geregelt (veröffentlicht in: Gesetzblatt für Baden-Württemberg 1978, Nr. 1, S. 1-45). Eine neue Prüfungsordnung ist in Vorbereitung. Im Vorgriff sollte bereits ab 1998/99 ein Praxissemester für Lehramtsstudierende eingeführt werden, doch mußte die Realisierung aus organisatorischen Gründen auf 1999/2000 verschoben werden. Wer danach den Lehramtsstudiengang in Baden-Württemberg aufnimmt, muß nach dem vierten Semester (nach der Zwischenprüfung) ein Schulpraktikum durchführen, das in die Praxis der künftigen Tätigkeit einführt und den Studierenden nochmals die Möglichkeit gibt, zu überprüfen, ob die getroffene Studienentscheidung richtig war. Die Vordrucke für die Anmeldung von Examensarbeiten und für die Anmeldung zu den Prüfungen erhalten Sie in den Sekretariaten der beiden Geographischen Institute.

2.4 Freiversuch bei Prüfungen

Neuere Prüfungsordnungen sehen in Anlehnung an entsprechende Rahmenordnungen häufig einen Freiversuch vor, wenn die Prüfung unmittelbar am Ende der Regelstudienzeit, d.h. unmittelbar nach dem 8. Semester abgelegt wird. Sollte die Prüfung ohne Erfolg abgelegt werden, gilt sie als nicht vorgenommen (sog. Freischußregelung). Die Diplomrahmenordnung von 1990 sah diese Möglichkeit, die erst seit Anfang der 90er Jahre diskutiert wird, noch nicht vor, so daß auch viele Diplomprüfungsordnungen darauf verzichten.

Die Diplomprüfungsordnung für Köln *(Prüfungsordnung vom 10.12.1996)* beispielsweise besagt hierzu (§ 18) im einzelnen:

„Legt ein Prüfling innerhalb der Regelstudienzeit zu dem in der Prüfungsordnung vorgesehenen Zeitpunkt .. und nach ununterbrochenem Studium eine Fachprüfung des Hauptstudiums ab und besteht er diese Prüfung nicht, so gilt sie als nicht unternommen (Freiversuch). Ein zweiter Freiversuch ist ausgeschlossen. Satz 1 gilt nicht, wenn die Prüfung aufgrund eines ordnungswidrigen Verhaltens, insbesondere eines Täuschungsversuchs, für nicht bestanden erklärt wurde."

Auf dem Formular für die Meldung zur Prüfung soll eindeutig abgefragt werden, ob der Prüfling den Freiversuch in Anspruch nehmen will (kein Automatismus). Es gibt keine Frist, in der die Fachprüfungen nach einem gescheiterten Versuch wiederholt werden müssen. Zur Verbesserung einer (bestandenen) Fachnote kann die Prüfung einmal wiederholt werden; der Antrag auf Zulassung zur Wiederholungsprüfung ist zum nächsten Prüfungstermin zu stellen.

Beim Staatsexamen in Nordrhein-Westfalen gilt ferner (Prüfungsordnung für Nordrhein-Westfalen, LPO § 28):

„Eine Erste Staatsprüfung, für die nach ununterbrochenem Studium zu einem Zeitpunkt innerhalb der Regelstudiendauer die Zulassung (§ 14) beantragt sowie die Ergänzung des Zulassungsantrags (§ 15) erfolgt ist, gilt im Falle des Nichtbestehens als nicht unternommen (Freiversuch)."

Diese Regelung verliert ihre Gültigkeit, wenn die Prüfung aufgrund ordnungswidrigen Verhaltens, besonders eines Täuschungsversuchs, für nicht bestanden erklärt wurde. Wurde die Hausarbeit mit wenigstens „ausreichend" bewertet, wird sie angerechnet. Bei der Berechnung bleiben Fachsemester, in denen Verhinderungen infolge Krankheit (amtsärztliches Zeugnis erforderlich!) sowie Mutterschutzfristen (mindestens vier Wochen davon müssen in die Vorlesungszeit fallen) vorlagen, unberücksichtigt, ebenso teilweise auch Auslandsstudienzeiten. Im Falle des bestandenen Examens kann zur Verbesserung der Gesamtnote die Prüfung im Fach oder in Erziehungswissenschaft wiederholt werden; bei einem besseren Ergebnis ersetzt dieses die frühere Note.

Die Magisterprüfungsordnung von 1995 in Freiburg und die bisher noch gültige Prüfungsordnung für das Lehramt an Gymnasien in Baden-Württemberg sehen keinen Freiversuch vor. Dagegen kennt die Prüfungsordnung für das Lehramt in Hessen die Freiversuchsregelung. Auch die Diplomprüfungsordnungen in Greifswald, Köln, Osnabrück und Trier sind Beispiele für Regelungen, die den Freiversuch unterstützen. Die in Vorbereitung befindliche neue Prüfungsordnung für das Lehramt an Gymnasien in Baden-Württemberg wird höchstwahrscheinlich ebenfalls eine Freischußregelung einführen.

Während beim Freiversuch eine Wiederholung von Prüfungsleistungen zur Notenverbesserung möglich ist, kann im Normalverfahren eine bestandene Prüfung nicht noch einmal abgelegt werden.

2.5 Prüfungsabschnitte

Sieht man von der individuellen Vorbereitung und etlichen „Zwischenspurts" ab, die keine Prüfungsordnung festlegen kann, besteht eine Abschlußprüfung in Geographie meist aus drei Prüfungsabschnitten: der Abfassung der Abschlußarbeit (Diplomarbeit, Magisterarbeit, Zulassungsarbeit), einem schriftlichen Prüfungsteil (Klausur oder Klausuren) sowie der mündlichen Prüfung, die sich wiederum aus mehreren Teilprüfungen zusammensetzen kann. In Mehrfächerstudiengängen wird die Abschlußarbeit natürlich nur in einem Fach angefertigt, und die Anforderungen an den schriftlichen und mündlichen Prüfungsteil können durchaus unterschiedlich sein. Eine schriftliche Prüfung mit Klausuren ist nicht in allen Prüfungsordnungen vorgesehen. So wird z.B. in Berlin (Humboldt-Universität), Gießen, Leipzig und München (Technische Universität) beim Diplomabschluß, in Freiburg beim M.Sc. keine Klausur im Hauptfach geschrieben, in Bochum werden dagegen zwei Klausuren verlangt. Beim Magisterstudiengang (M.A.) in Freiburg gibt es nur für das Hauptfach

Geographie, nicht jedoch für das Nebenfach eine Klausur, während in Aachen eine Klausur sowohl für das Haupt- als auch für das Nebenfach vorgesehen ist. Die Prüfungsordnungen regeln auch die Reihenfolge der Prüfungsabschnitte. In der Regel folgen Abschlußarbeit, Abschlußklausur und mündliche Prüfung aufeinander, doch gibt es Prüfungsordnungen, die die Anfertigung der Abschlußarbeit nach der mündlichen Prüfung ermöglichen (Diplomprüfungsordnung in Gießen) oder sogar verbindlich vorschreiben (Diplomprüfungsordnung in Bonn). Aus Gründen der Gleichbehandlung ist die in den Prüfungsordnungen festgelegte Reihenfolge jeweils für den Studienort und Studiengang verbindlich; Ausnahmen sind nur beim Vorliegen besonderer Gründe denkbar. Der Diplomstudiengang an der TU München ermöglicht prinzipiell eine Wahl bei der Reihenfolge, doch wird die Arbeit in aller Regel vor der mündlichen Prüfung angefertigt, weil der „Wiedereinstieg" nach der mündlichen Prüfung psychologisch schwierig ist und außerdem die empirischen Arbeiten organisatorische Vorbereitung benötigen, die kaum parallel zur Vorbereitung auf die Prüfung zu leisten wäre.

Die Prüfungsabschnitte können sich zeitlich teilweise überlagern; doch muß in der Regel die Abschlußarbeit, sofern sie vor der schriftlichen und mündlichen Prüfung angefertigt wird, bis zum Zeitpunkt der mündlichen Prüfung angenommen (d.h. mindestens mit der Note 4,0 bewertet) worden sein. Anfertigung der Abschlußarbeit und schriftliche Prüfung können sich dagegen nach den Bestimmungen vieler Prüfungsordnungen überschneiden. Ob es günstig ist, davon Gebrauch zu machen, ist eine ganz andere Frage.

2.6 Leistungsbewertung

Grundsätzlich werden Prüfungsleistungen mit Noten bewertet. Die Notenskalen differieren etwas - nicht in der Qualifikation der Hauptnoten, wohl aber in der Möglichkeit einer differenzierten Bewertung. Neuere Fassungen der Prüfungsordnungen sehen in der Regel für mindestens ausreichende Leistungen ganze Noten, um 0,3 erniedrigte oder erhöhte ganze Noten, nicht jedoch 0,7 und 4,3 vor, außerdem die Note 5 für nicht ausreichende Arbeiten. Abweichend davon kennt die Prüfungsordnung für das Lehramt an Gymnasien in Baden-Württemberg (1977) ganze und halbe Noten zwischen 1,0 und 6,0. Die alte Magisterprüfungsordnung (M.A.) in Freiburg erlaubt sogar alle

Dezimalwerte zwischen 1,0 und 6,0. Hingegen kennt die Diplomprüfungsordnung von Eichstätt nur ganze Einzelnoten.

In einem Merkblatt, das vom Landeslehrerprüfungsamt vor einiger Zeit den Prüfern für die Staatsexamensprüfung in Freiburg übersandt wurde, findet sich eine verbale Definition der Noten, die dem Mißbrauch überdurchschnittlich guter Noten entgegenarbeiten und eine angemessene Differenzierung nach den tatsächlich erbrachten Leistungen ermöglichen soll. Danach gelten für die Notenstufen (gleichermaßen für Abschlußarbeit, Klausur und mündliche Prüfung):

„sehr gut (1)	=	eine Leistung, die den Anforderungen in besonderem Maße entspricht
gut (2)	=	eine Leistung, die den Anforderungen voll entspricht
befriedigend (3)	=	eine Leistung, die im allgemeinen den Anforderungen entspricht
ausreichend (4)	=	eine Leistung, die zwar Mängel aufweist, aber im ganzen den Anforderungen noch entspricht
mangelhaft (5)	=	eine Leistung, die den Anforderungen nicht entspricht, jedoch erkennen läßt, daß die notwendigen Grundkenntnisse vorhanden sind
ungenügend (6)	=	eine Leistung, die den Anforderungen nicht entspricht und bei der die notwendigen Grundkenntnisse fehlen"

(Lehrer an Gymnasien 357.1-21, S. 11 [Jan. 1990])

Mehrere Diplomprüfungsordnungen definieren in ähnlicher Weise die jeweils gültige Notenskala. Wir greifen beispielhaft die derzeit gültige Diplomprüfungsordnung Geographie der Humboldt-Universität zu Berlin heraus:

„sehr gut (1)	=	eine hervorragende Leistung
gut (2)	=	eine Leistung, die erheblich über den durchschnittlichen Anforderungen liegt
befriedigend (3)	=	eine Leistung, die durchschnittlichen Anforderungen entspricht
ausreichend (4)	=	eine Leistung, die trotz ihrer Mängel noch den Anforderungen entspricht
mangelhaft (5)	=	eine Leistung, die wegen erheblicher Mängel den Anforderungen nicht mehr genügt"

(Prüfungsordnung für den Diplomstudiengang Geographie am Geographischen Institut der Mathematisch-Naturwissenschaftlichen Fakultät II der Humboldt-Universität zu Berlin § 6 (1)).

Die Gesamtnote wird aus den Einzelnoten berechnet, wobei es etwas unterschiedliche Gewichtungen sowohl zwischen den einzelnen Prüfungsteilen als auch zwischen Haupt- und Nebenfach gibt. Ein Beispiel mag das Berech nungsverfahren verdeutlichen: Bei der Bewertung der Diplomprüfung in Heidelberg geht die Note der Diplomarbeit doppelt, die Note für Klausur und mündliche Prüfung jeweils einfach in die Gesamtberechnung der Fachnote ein. Diese Fachnote für das Hauptfach Geographie wiederum wird doppelt, die Noten für die beiden Nebenfächer werden jeweils einfach bei der Berechnung der Gesamtnote berücksichtigt. Bei der Feststellung der Gesamtnote sehen einige Diplomprüfungsordnungen das Prädikat „hervorragend" oder „mit Auszeichnung" vor; in der Regel müssen hierfür alle Prüfungsleistungen im Bereich „sehr gut" liegen. Die Diplomprüfungsordnung von Jena legt hierfür im § 22 fest, daß die Diplomarbeit mit 1,0 bewertet sein muß und daß der Durchschnitt der anderen Noten nicht schlechter als 1,3 sein darf.

Werden einzelne Prüfungsleistungen von zwei Prüfern unterschiedlich bewertet, wird nach den meisten Prüfungsordnungen ein arithmetisches Mittel gebildet. Bei Abweichungen um zwei ganze Notenschritte bei der Bewertung schriftlicher Leistungen wird eine zusätzliche Bewertung durch einen weiteren Prüfer vorgenommen. In Osnabrück kann das Prüfungsamt oder ein fachlich zuständiges Mitglied des Prüfungsamtes bei voneinander abweichenden Noten zugunsten einer der beiden Bewertungen entscheiden, wenn die Differenz nicht zwei ganze Notenschritte umfaßt.

3 Sich prüfen lassen will geplant sein
Anmeldung, Zulassung, Termine, Betreuer, Themenschwerpunkte

3.1 Anmeldung zur Prüfung

Bei allen Prüfungsabschnitten sind bestimmte Termine für die Anmeldung zur Prüfungszulassung, zur Abschlußarbeit, für die Meldung zur Prüfung, den Zeitraum der Bearbeitungsdauer und die Abgabe der Abschlußarbeit sowie die Terminabsprache mit Prüfern (soweit nicht von den zuständigen Prüfungsämtern festgesetzt) einzuhalten. Beachten Sie unbedingt die entsprechenden Anschläge an den jeweils zuständigen sog. Schwarzen Brettern der Prüfungsämter und Institute! Bevor an vielen Standorten und Instituten überhaupt mit Prüfungsleistungen begonnen werden kann, muß die formale Zulassung zur Prüfung erfolgt sein. Bisweilen darf über die Inhalte der Abschlußarbeit bereits vor der förmlichen Anmeldung gesprochen werden. Unterschiedlich wird der Umfang der Anmeldung gehandhabt: Bei der Lehramtsprüfung in Baden-Württemberg beispielsweise erfolgt die Anmeldung der Zulassungsarbeit bisher unabhängig von der Anmeldung zur schriftlichen und mündlichen Prüfung, beim Magister (M.A.) sind in Freiburg beide Anmeldungen aneinander gekoppelt. Überprüfen Sie also, für welche(n) Prüfungsabschnitt(e) Sie sich gleichzeitig oder nacheinander zu unterschiedlichen Terminen anmelden müssen.

Bei Staatsexamen und Magister ist auch daran zu denken, daß die Fertigstellung der Abschlußarbeit sowie das zweite Hauptfach bzw. die Neben- oder Beifächer den gesamten Prüfungszeitraum ausweiten. Eine langfristige Terminplanung sollte in dem Semester einsetzen, in dem das erste Seminar des Hauptstudiums besucht wird: Wann besitzen Sie alle erforderlichen Leistungsnachweise? Welche noch fehlenden Veranstaltungen werden nur in bestimmten Semestern oder in der vorlesungsfreien Zeit (Große Exkursionen, Geländepraktika) angeboten? Wie sehr dürfen sich letzte Seminare, Vorbereitung der Abschlußarbeit und Vorbereitung auf die Prüfung (Klausur und mündliche Prüfung) zeitlich überschneiden? Welche Leistungsnachweise können ggf. noch kurz vor der Prüfung nachgereicht werden, wann müssen jedoch spätestens sämtliche Leistungsnachweise beim jeweils zuständigen Prüfungsamt

vorliegen? Und falls Sie nach Zwischenprüfung oder Vordiplom einen Aus-
landsaufenthalt planen: Könnte sich aus dem Studium an einer ausländischen
Universität ein Thema für die Abschlußarbeit ergeben, über das rechtzeitig mit
einem potentiellen Betreuer zu sprechen ist?

Noch ein Rat: Viele Studierende scheuen sich zu lange, den definitiven Schritt
zum Studienabschluß zu unternehmen und zögern die Anmeldung unnötig
lange heraus. Sie verspielen damit wertvolle Zeit, erhöhen die Kosten Ihres
Studiums und bringen sich selbst um den Vorteil, sich in jungem Lebensalter
zu bewerben. Weiter qualifizieren können Sie sich nach Abschluß des Diploms
immer noch, im In- und Ausland. Baden-Württemberg geht inzwischen rigo-
ros gegen Langzeitstudierende vor: „Bildungsgutscheine" ermöglichen zusätzlich zu den üblichen neun Semestern Regelstudienzeit vier weitere Studiensemester; danach werden Studiengebühren in Höhe von derzeit DM 1000,- je
Semester erhoben. Für die Teilnahme an manchen Aufbaustudiengängen ist
dies vielleicht etwas restriktiv, für den raschen Abschluß des „Normal-
studiums" jedoch ein hilfreicher Druck.

3.2 Zulassung

Damit Sie sich überhaupt prüfen lassen oder Prüfungsleistungen wie eine Abschlußarbeit erbringen dürfen, müssen Sie zu der entsprechenden Prüfung
zugelassen werden. Diese Zulassung ist ein formaler Akt, dem die formale
Prüfung Ihrer Zulassungsunterlagen zugrundeliegt. Welche Unterlagen einzureichen sind, regelt die jeweils zuständige Prüfungsordnung, die auch angibt,
wo diese Unterlagen zu welchen Terminen einzureichen sind. In der Regel
sind die universitären oder (beim Lehramtsexamen) staatlichen Prüfungsämter
dafür zuständig, die diese Aufgabe jedoch bisweilen an Prüfungsausschüsse
oder Institute delegieren. Es gilt jeweils die Regelung für denjenigen Studiengang, für den Sie eingeschrieben sind. Natürlich sind Ihre Universität bzw. die
im Vorlesungsverzeichnis aufgeführten Prüfungsämter zuständig, und Sie
können sich nicht dort um Zulassung bemühen, wo Ihnen das Verfahren am
durchschaubarsten oder einfachsten erscheint - es sei denn Sie wechseln rechtzeitig vorher der Studienort und verbringen die zumeist geforderte Mindest-
studienzeit an derjenigen Hochschule, deren Abschlußverfahren Ihnen besonders attraktiv erscheint.

3.3 Termine

Sie sehen: Der Weg zum Examen führt über bestimmte Termine. Diese Termine und die einzuhaltenden Fristen werden durch Studien- und Prüfungsordnungen in der Regel recht genau festgelegt. Dies geschieht nicht, um die Studierenden zu gängeln, sondern um Arbeitsabläufe in den Prüfungsämtern zu bündeln und für die Studierenden Rechtsgleichheit zu schaffen. Schon während des Studiums mußten Sie bei manchen Lehrveranstaltungen auf die Einhaltung von Anmeldeterminen achten; jetzt gilt die Einhaltung der Termine sowohl für die Beantragung der Zulassung zur Prüfung als auch für jeden einzelnen Prüfungsabschnitt und jede einzelne Prüfung. Das Versäumen eines Termins hat - wenn Sie nicht Ursachen geltend machen können, die Sie nicht selbst zu vertreten haben - meist fatale Folgen; denn eine schuldhaft versäumte Prüfung wird mit „nicht ausreichend" bzw. „nicht bestanden" gewertet. Diese Prüfung muß dann zum nächsten Termin ohne die Chance auf eine weitere Wiederholung absolviert werden. Die Greifswalder Diplomprüfungsordnung formuliert in § 15 eine recht rigorose Handhabung der Überschreitung von Terminen. Legen Sie sich daher für den gesamten Prüfungsablauf einen genauen Zeitplan an und markieren Sie rechtzeitig jeden einzuhaltenden Termin! Bedenken Sie dabei die Reihenfolge der Prüfungsabschnitte nicht nur im Fach Geographie, sondern auch in anderen Haupt-, Bei-, Neben- oder Erweiterungsfächern.

Die folgende Checkliste stellt zusammen, welche Termine (normalerweise) zu bedenken sind:

Datum

☐ _____ Anmeldung zur Zulassung zur Prüfung

☐ _____ Anmeldung Abschlußarbeit bzw. Vergabetermin des Themas (evtl. getrennt davon)

☐ _____ (hoffentlich nicht: Rückgabe des ersten und Vergabe eines neuen Themas der Abschlußarbeit)

☐ _____ Termin für folgenfreien Rücktritt von Gesamt- oder Einzelprüfung

☐ _____ einzelne Meldefristen für Teilprüfungen

☐ _____ Termine für die nachträgliche Änderung von Spezialgebieten

☐ _____ Abgabetermin der Abschlußarbeit

☐ _____ Termin der schriftlichen Prüfung(en) (Klausur) in den Fächern

☐ _____ Termin der mündlichen Prüfung(en) in den betreffenden Fächern

☐ _____ (hoffentlich nicht: Anmeldung zur Wiederholungsprüfung)

Hinzu kommen Termine für die Einsichtnahme in Prüfungsunterlagen und Eventualitäten wie Einsprüche gegen Leistungsbewertungen.

Vielleicht mag es Sie trösten daß nicht nur Sie, sondern auch Betreuer und Prüfer Termine einzuhalten haben. Dies betrifft die Begutachtung der Abschlußarbeit, die Korrektur von Klausuren, selbstverständlich die mündlichen Prüfungen, die Ausstellung von Zeugnissen und Diplomurkunden sowie Entscheidungen über Einsprüche im Prüfungsverfahren.

Die für Sie relevanten Termine entnehmen Sie bitte den Aushängen in den jeweiligen Instituten. Denken Sie daran, daß viele Institute mehrere Studiengänge mit unterschiedlichen Prüfungsmodalitäten betreuen müssen und daß sich die Aushangzeiten für unterschiedliche Prüfungstermine überschneiden können. Nach manchen Studien- und Prüfungsordnungen sind Sie nicht an feste Sammeltermine gebunden, sondern können frei entscheiden, ob Sie sich melden oder welchen Prüfungsteil Sie absolvieren möchten. So ermöglicht die neue Magister-Prüfungsordnung in Düsseldorf eine individuelle Wahl bei der Reihenfolge der Prüfungsabschnitte und - eingeschränkt durch die Termine für die Klausuren - auch für den Zeitpunkt der Prüfung sowie Freiheit bei der zeitlichen Streckung oder Komprimierung aller Prüfungsabschnitte.

So viel Wahlfreiheit ist jedoch selten! Im Diplomstudiengang in Bonn sollten Sie mit der Planung des Examens etwa ein Jahr vor dem gewünschten Termin beginnen. Die neue Prüfungsordnung sieht nach acht Semestern Regelstudienzeit ein Prüfungssemester vor und setzt einen engen Terminrahmen. Die Klausuren können nur an bestimmten Terminen jeweils in der Woche vor und nach der Vorlesungszeit geschrieben werden (diese Termine werden durch Aushang im voraus bekannt gegeben). Allgemein gilt, daß eine Teilnahme am Examenskolloquium bereits vor dem Prüfungszeitraum, am besten im sechsten Fachsemester dringend zu empfehlen ist.

Doppelstudiengänge mit gleichzeitigem Abschluß durch Staatsexamen und Magisterexamen werden unterschiedlich gehandhabt. Da der Magisterstudiengang meist eine stärker kultur- und wirtschaftsgeographische Ausrichtung hat, während der Lehramtsstudiengang beide allgemeinen Teilbereiche der Geographie gleichermaßen berücksichtigt, werden Prüfungsleistungen oft nicht angerechnet. In Stuttgart beispielsweise finden jedoch die Klausuren für Lehramt und Magister gleichzeitig statt.

3.4 Betreuer/in, Prüfer/in

Für die Bearbeitung Ihrer Abschlußarbeit suchen Sie sich einen Betreuer oder eine Betreuerin aus. Wer dafür formal in Frage kommt, regeln die Prüfungsordnungen bzw. Prüfungsämter. In aller Regel sind bei einer Diplom- oder Magisterarbeit an Geographischen Instituten in Deutschland die am jeweiligen Institut tätigen Habilitierten (Professoren, Hochschuldozenten, Privatdozenten) als Betreuer und Prüfer zugelassen. In einzelnen Fällen kann die Diplomprüfungsordnung vorsehen, daß auch ein wissenschaftlicher Mitarbeiter, aus dessen Forschungsbereich die Thematik stammt, Betreuer ist. Für die Zulassung zur Abnahme der Prüfung jedoch sind normalerweise die erfolgte Habilitation und die Befugnis zur Abhaltung eigenständiger universitärer Lehrveranstaltungen Voraussetzung. Betreuer und Prüfer für das Staatsexamen werden von den entsprechenden Prüfungsämtern bestellt - nicht immer sind es alle Habilitierten. Für Diplom und Magister kommen dagegen prinzipiell alle Habilitierten als Prüfer in Frage. Zum Teil stehen auch emeritierte und pensionierte Hochschullehrer noch zur Verfügung. In Trier können promovierte Wissenschaftliche Mitarbeiter auf Antrag zu Prüfenden bestellt werden.

Wichtig ist es, bei der Betreuerwahl bereits einen thematischen Schwerpunkt für die Abschlußarbeit vor Augen zu haben, damit Sie den für diese Fragestellung Kompetentesten ansprechen. In Bonn ist der Betreuer der Arbeit zugleich Prüfer bei der schriftlichen und mündlichen Prüfung. In Freiburg brauchen Betreuer und Prüfer nicht identisch zu sein. Im Einzelfall könnte es sinnvoll sein, ergänzend eine Betreuung von außen (d.h. einen Hochschullehrer einer anderen Universität oder einen Praktiker aus einem Berufsfeld für Geographen) hinzuzuziehen - wie dies geschieht, regeln die einschlägigen Prüfungsordnungen. Ein entsprechender Antrag muß vorher schriftlich gestellt und genehmigt werden.

Legen Sie Ihren Betreuer nicht von vornherein allein nach Neigung fest - wägen Sie ab, welche Vor- und Nachteile sich damit verbinden können: Betreuungsmöglichkeit, fachliche Schwerpunkte bzgl. Möglichkeit gezielten Rats für Ihre spezifische Fragestellung, Überschneidung Ihrer fachlichen Kenntnisse mit den Inhalten von Veranstaltungen im Hinblick auf die Prüfungen usw. Stellen Sie sich auch folgende Frage: Brauche ich einen Betreuer, der mich intensiver betreut, oder stelle ich mich lieber auf mich selbst?

Natürlich haben Betreuer neben unterschiedlicher Betreuungsintensität auch ihre eigenen inhaltlichen und methodischen Vorbildungen, Ausrichtungen, Vorlieben, Schwerpunkte und Grenzen. Bei der Wahl des Prüfers können Sie natürlich die Meinung von bereits Examinierten oder der Fachschaft einholen; aber beachten Sie, daß damit immer auch Subjektivität verbunden ist. Sicher ist es nicht schlecht, als Prüfer jemanden zu wählen, bei dem Sie bereits ein Hauptseminar besucht oder an einer großen Exkursion teilgenommen haben und der Sie nicht zum Zeitpunkt der Prüfung erstmals kennenlernt. Je nach Thema kann mehr oder weniger Betreuung möglich und erforderlich sein. Zweifellos gehen Sie ein gewisses Risiko ein, wenn Ihr Betreuer Ihnen bei bestimmten Themenvorschlägen bedeutet, daß er Ihnen nur wenig inhaltliche und methodische Betreuung zukommen lassen kann.

Der Prüfling darf in Übereinstimmung mit den meisten Prüfungsordnungen dem Betreuer Vorschläge für das Thema der Abschlußarbeit unterbreiten. Die Meldung des Themas an das Prüfungsamt erfolgt - je nach Institut unterschiedlich - entweder durch den Betreuer oder durch den Kandidaten (Formblätter beim Zulassungsantrag); auch hier muß die jeweilige Prüfungsordnung befragt werden.

Betreuer und Prüfer haben grundsätzlich ein offenes Ohr für alle Fragen und Probleme. Ihrerseits sollten Sie den Betreuer jedoch nicht wegen jeder Kleinigkeit ansprechen. Weitgehende Selbständigkeit nach der Themenvergabe wird auch von Ihnen erwartet. Die Diplomprüfungsordnung in Mainz verbietet sogar explizit die Hilfe des betreuenden Hochschullehrers. Fragen von allgemeinem Interesse, die über die individuelle Abschlußarbeit hinausgehen und von deren Beantwortung auch andere Kandidaten profitieren können, gehören in den etwas weiteren Rahmen, den das Examenskolloquium an den meisten Hochschulen bietet. Mehrere Gespräche im Laufe der Erstellung Ihrer Arbeit sowie Teilnahme am Examenskolloquium (Kap. 3.6) sollten selbstverständlich sein.

3.5 Prüfungsteilbereiche, Spezialgebiete bzw. Themenschwerpunkte für Klausur(en) und mündliche Prüfung

Die Umsetzung der Bestimmungen in den Prüfungsordnungen hat zur Folge, daß Sie bei der Anmeldung zur Prüfung gewisse Schwerpunkte oder Spezialgebiete benennen. Die Regelungen hierzu sind an den verschiedenen Hochschulstandorten sehr unterschiedlich, werden aber an jedem einzelnen Hochschulstandort möglichst einheitlich gehandhabt.

Grundsätzlich ist zu sagen: Thema des Spezialgebietes kann das Thema einer allgemeinen Veranstaltung, d.h. einer Vorlesung, eines Seminars oder eines Praktikums sein. Themen von Spezialveranstaltungen werden jedoch zumeist nicht akzeptiert. Sie streben ja keinen Abschluß als Diplomeinzelhandelsgeograph oder den Magister für Physische Geographie der äußeren Randtropen Westafrikas an. Wie können nun Themen der Spezialgebiete aussehen? Natürlich können Sie die „klassischen" Teilgebiete der Geographie wählen wie z.b. „Geomorphologie", „Klimageographie", „Bodengeographie", „Hydrogeographie", „Stadtgeographie", „Bevölkerungsgeographie", „Industriegeographie" oder „Politische Geographie". Weitere Eingrenzungen sind zumindest an einzelnen Universitäten möglich: „Geomorphologie der Trockengebiete", „Glazial- und Periglazialmorphologie", „Bevölkerungsprobleme der Entwicklungsländer", „Politische Geographie Asiens". Bei noch weitergehenden Eingrenzungen jedoch laufen Sie Gefahr, daß ein Thema zurückgewiesen wird: „Meeresgeographie der Ostsee", „Die Westwindzone", „Innerstädtischer Verkehr", „Vulkanismus Islands". Bei den Regionalthemen kommen natürlich „Asien", „Trockengebiete", „Lateinamerika" und „Polar- und Subpolarregionen" infrage, evtl. auch - je nachdem, ob ein Thema bereits in Lehrveranstaltungen eines im Institut befindlichen Kollegen gelehrt wurde - „Schweiz", „Ecuador", „Island" und „Australien". Zu eingeengt sind sicher regionale Schwerpunktthemen wie „Liechtenstein", „Moldawien", „Alaska" und „Der Transformationsprozeß in Tschechien". Bei Lehramtsprüfungen nehmen die zuständigen Prüfungsämter bisweilen Einfluß auf den Umfang der Spezialgebiete. Dabei wird Wert darauf gelegt, daß umfassende Überblickskenntnisse vorhanden sind und abgeprüft werden.

Außerdem gilt: Die Tatsache, daß allgemein-geographische und regional-geographische Teilgebiete benannt werden müssen, darf nicht zu der Annahme verleiten, daß dann eine Schnittmenge Ihrer Themen Prüfungsgegenstand ist. Zwar kann es sein, daß bei „Stadtgeographie" und „Nordamerika" als zwei von Ihnen gewählten Spezialgebieten auch stadtgeographische Entwicklungen in den USA in der Prüfung zur Sprache kommen, doch sollten Sie sich darauf keinesfalls verlassen. Im Gegenteil. Im Ablauf der Prüfung ist es üblich, daß die Teilgebiete getrennt voneinander und etwa gleichgewichtig geprüft werden. Bei der Überleitung von dem einen zum nächsten Spezialgebiet ist dabei eine verknüpfende Frage durchaus möglich - sie soll letztlich Ihnen das gedankliche Umschalten erleichtern. Es ist zwar üblich, daß alle angegebenen Schwerpunkte zur Sprache kommen, aber es besteht dazu für die Prüfer keine zwingende Verpflichtung.

Einige Prüfungsordnungen – vor allem im Diplomstudiengang – stellen den
Inhalt ausgewählter Lehrveranstaltungen im Hauptstudium in den Mittelpunkt
der Klausurthemen und der mündlichen Prüfung; sie werden entweder im
Vorfeld der Klausur bei den Veranstaltungsvorankündigungen gekennzeichnet
(Heidelberg; ähnlich Tübingen) oder können frei gewählt werden (z.B. münd-
liche Prüfung TU München).

3.6 Examenskolloquium

Zahlreiche Hochschullehrer versuchen die Nöte der Examenskandidaten in
eigenen Examens- und Forschungskolloquien anzusprechen, die mehrere Aufgaben erfüllen sollen: Da die Vorbereitung einer Abschlußarbeit nicht Inhalt
einer speziellen Lehrveranstaltung ist, sollen Fragen von allgemeinem Interesse, die auch das Formale berühren, dort besprochen werden; dies kann auch
im Einzelfall die Modalitäten von Klausur und mündlicher Prüfung betreffen.
Ferner werden in den Examenskolloquien in Arbeit befindliche Abschlußarbeiten kurz vorgestellt und in einer größeren Runde diskutiert. Dabei geht es
darum, aus der Diskussion Anregungen für die Einzelarbeit zu gewinnen, die
der Kandidat, der seine Arbeit vorstellt, dann noch einarbeiten kann, aber
auch darum, methodische Ansätze vorzustellen, die von anderen aufgegriffen
werden dürfen. Die Diskussion über interessante Neuerscheinungen – an
examensrelevanter Lehrbuchliteratur ebenso wie an methodisch weiterführenden Einzelstudien – kann ebenfalls Gegenstand eines solchen Kolloquiums
sein. Sie sollten spätestens bereits ein Semester, bevor Sie an Ihre eigene Arbeit gehen, besser jedoch bereits im sechsten Fachsemester solche zusätzlichen, in keinem Studienplan verankerten Lehrangebote wahrnehmen und
auch wenigstens bis zum Examen dabei bleiben; wenn Sie mittlerweile Ihre
Arbeit fertiggestellt haben, können Sie Ihre persönlichen Erfahrungen einbringen. Schließlich bringt Sie ein Examenskolloquium auch mit anderen Kommilitonen zusammen, die sich in ähnlicher Situation befinden; vielleicht bilden
Sie Vorbereitungsgruppen oder lesen wechselseitig Ihre Texte Korrektur.

Bisweilen wird das Examenskolloquium nicht nur auf die Diskussion über
Abschlußarbeiten begrenzt, sondern bezieht auch Klausur und mündliche Prüfung ein. Heidelberg etwa kennt spezielle Examenstutorien, die in Zusammenarbeit mit dem Zentrum für Studienberatung und Weiterbildung der Universität angeboten werden. Anderswo, vielleicht auch in anderen Fachgebieten,

werden Veranstaltungen angeboten, die Ihnen die Angst vor der Abfassung einer schriftlichen Abschlußarbeit nehmen sollen. Erkundigen Sie sich an Ihrer Universität nach derartigen Angeboten und nehmen Sie sie wahr! Schließlich sei darauf hingewiesen, daß gezielte Examensvorbereitung und dabei insbesondere die Umsetzung von sog. Schlüsselqualifikationen in examensrelevante Leistungen heute bereits zu Dienstleistungsangeboten geführt hat.

4 Die Abschlußarbeit Diplom-, Magister-, Staatsexamens- bzw. Zulassungsarbeit

Die Abschlußarbeit ist ein Kernstück Ihres Examens. Beim Diplomstudiengang wird diese wissenschaftliche Arbeit zur Visitenkarte, mit der Sie sich nach Abschluß aller Prüfungen bewerben werden, um zu zeigen, daß Sie das geographische Handwerk gelernt haben und beherrschen. Die novellierte Bonner Diplomprüfungsordnung vom 8.2.1996 besagt beispielsweise (§ 19, Abs. 1): „Durch die Diplomarbeit soll der Nachweis erbracht werden, daß der Prüfling in der Lage ist, eine geographische Fragestellung zu erkennen und selbständig innerhalb einer vorgesehenen Frist nach wissenschaftlichen Methoden zu bearbeiten, einer Lösung zuzuführen und diese angemessen darzustellen".

Auch von Magisterkandidaten sollte dieser Aspekt nicht vernachlässigt werden. Die für das Staatsexamen vorgesehene Abschlußarbeit besitzt zwar (leider!) meist nicht den gleichen Stellenwert, bietet Ihnen aber einmal im Studium die Möglichkeit, gelernte Arbeitstechniken mit methodischen und theoretischen Überlegungen zusammenzuführen. Unsere Erfahrung ist, daß die Abschlußarbeit den meisten Kandidaten trotz aller damit verbundenen Probleme, Enttäuschungen und bisweilen Mißachtung von außen her doch sehr viel Freude macht. Diese Freude wollen wir Ihnen nicht nehmen – ganz im Gegenteil. Vielleicht helfen Ihnen die nachfolgenden Hinweise, die Arbeit noch effizienter anzupacken und zu einem für Sie noch befriedigenderen Abschluß zu bringen.

4.1 Rahmenbedingungen der Abschlußarbeit

4.1.1 Offizielle Vorgaben in den Prüfungsordnungen

Wie für alle Prüfungsteile gibt es auch für die Abschlußarbeit Vorgaben, die in den jeweils zuständigen Prüfungsordnungen nachzulesen sind. Die Durchsicht der Ordnungen zeigt durchaus Unterschiede, doch führte die Rahmenordnung für die Diplomprüfung zu einer weitgehenden Vereinheitlichung. Die Aussagen der Prüfungsordnungen sprechen die Zielsetzung der Arbeit, einzuhaltende Fristen und Möglichkeiten ihrer Verlängerung an, sie regeln die Betreuung und Begutachtung und legen einige Formalia wie Umfang und Einband fest. Sie erlauben oder verbieten Gemeinschaftsarbeiten, setzen Maßstäbe für die Bewertung und ermöglichen Ihnen sogar im Notfall den Ausstieg durch Rückgabe eines doch nicht praktikablen Themas. Manches ist noch nicht überall geregelt, so z.b. die Einbeziehung elektronisch lesbarer Informationsträger (Disketten, CD-ROM). Prüfungsordnungen unterliegen häufigen Modifikationen, die entweder durch übergeordnete Gesetzgebung bedingt sind oder sich aus der Prüfungspraxis ergeben. Für Sie als Kandidat läßt sich daraus schlußfolgern, daß Sie immer sorgfältig nach der jeweils für Sie gültigen Prüfungsordnung zu schauen haben.

In der Prüfungsordnung wird der Zeitpunkt geregelt, zu dem die Abschlußarbeit anzufertigen ist. In den meisten Fällen wird die Abschlußarbeit vor Klausur und mündlichen Prüfungen angefertigt. Andere Diplomprüfungsordnungen verschieben die Anfertigung der Diplomarbeit auf die Zeit nach den mündlichen und schriftlichen Prüfungen.

Zumindest einige formale Vorgaben sind zumeist vorgegeben: die prinzipielle Gestaltung des Titelblatts (ohne daß ein bestimmtes optisches Layout verbindlich wäre) und der Text der verbindlichen Erklärung. Da die Diplomarbeit eine Akte ist, muß die Arbeit generell mit allen Inhalten fest gebunden sein oder zumindest mit Heißleim fest geschweißt oder geklammert zusammenhängen. Alle zusätzlichen Teile und Beilagen (Photos, Karten, Abbildungen usw.) müssen eingeklebt oder eingebunden (beigegebene Dias eingeschweißt) sein. Darüber hinaus bestehen zumeist hinsichtlich des Formats, der Schriftgrößen, der Zeilen- und Randabstände usw. keine verbindlichen Vorgaben. Empfehlenswerte Gestaltungsrichtlinien sind weiter unten genannt (Kap. 4.2.3).

Die Bearbeitungsfrist ist in den meisten Prüfungsordnungen auf vier bis sechs Monate begrenzt. In der Kölner Prüfungsordnung heißt es: „Die Bearbeitungszeit für die Diplomarbeit beträgt vier Monate, bei einem empirischen, experimentellen oder mathematischen Thema sechs Monate." (Diplomprüfungsordnung vom 10.12.1996, § 19, Abs. 4).

Der Umfang der Arbeit ist teilweise ausdrücklich begrenzt. In der neuen Diplomprüfungsordnung von Bonn heißt es: „Der Textteil der Diplomarbeit sollte 120 Seiten nicht überschreiten." (§ 19, Abs. 7). In Köln bzw. München wird darauf gedrängt, daß der Nettoumfang der Arbeit (Text) nicht über 100 bzw. 80 Seiten hinausgeht. In der Neufassung der Magisterprüfungsordnung in Freiburg (vom 6. September 1995, § 11) heißt es: „Der Textteil soll einen Umfang von maximal 100 DIN A4-Seiten zu je 40 Zeilen mit je 60 Zeichen nicht überschreiten.".

Ferner ist dort im einzelnen festgelegt:
„Die Magisterarbeit ist in der Regel in deutscher Sprache abzufassen. Der Prüfungsausschuß kann auf Antrag des Kandidaten eine andere Sprache zulassen, wenn die Begutachtung sichergestellt ist. Der Antrag ist, zusammen mit einer Stellungnahme des vorgeschlagenen Erstgutachters, mit dem Zulassungsantrag einzureichen. Ist die Arbeit in einer Fremdsprache verfaßt, muß sie als Anhang eine kurze Zusammenfassung in deutscher Sprache enthalten.

Eine Arbeit, die als wissenschaftliche Arbeit im Rahmen der Wissenschaftlichen Prüfung für das Lehramt an Gymnasien angefertigt wurde, kann auf Antrag beim Prüfungsausschuß als Magisterarbeit anerkannt werden, wenn die Gleichwertigkeit nach Inhalt und Umfang festgestellt wurde."

Hinsichtlich der Form der Arbeit ist beispielsweise in der LPO für Nordrhein-Westfalen festgelegt:
„Die in Maschinenschrift abzuliefernde Hausarbeit muß gebunden sein und ein ausführliches Inhaltsverzeichnis mit Seitenzahlen und eine Zusammenstellung der benutzten Quellen und Hilfsmittel enthalten. Am Schluß der Arbeit ist die Versicherung abzugeben, daß die Arbeit selbständig verfaßt worden ist, daß keine anderen Quellen und Hilfsmittel als die angegebenen benutzt worden sind und daß die Stellen der Arbeit, die anderen Werken dem Wortlaut oder Sinn nach entnommen wurden, in jedem Fall unter Angabe der Quelle als Entlehnung kenntlich gemacht worden sind. Das gleiche gilt auch für die beigegebenen Zeichnungen, Kartenskizzen und Darstellungen." (LPO § 17, Abs. 6).

Bei manchen Themenstellungen bieten sich Gemeinschaftsarbeiten an: Zwei oder drei Kandidaten arbeiten dann gemeinsam an einem Projekt und verfassen eine Arbeit gemeinschaftlich. Inwieweit dies möglich ist und welche Gesichtspunkte dabei beachtet werden müssen, regeln die Prüfungsordnungen - meist eher restriktiv bei allem Verständnis zur Teamarbeit. Wo Gemeinschaftsarbeiten zulässig sind, muß durch namentliche Kennzeichnung der Abschnitte eindeutig erkennbar sein, wer aus dem Team für diesen Abschnitt verantwortlich ist und ihn letztlich erarbeitet hat. Kleinere Passagen wie Einleitungsabschnitt oder abschließendes Fazit können als echte Gemeinschaftsarbeit entstehen. Aber denken Sie daran, daß der Betreuer bzw. Referent, der die Arbeit zu bewerten hat, Einzelnoten für jeden der Kandidaten zu geben hat. Wörtlich lautet es z.B. in der LPO 1994 für Nordrhein-Westfalen: „Gruppenarbeiten sind zugelassen; die individuellen Leistungen müssen deutlich abgrenzbar und bewertbar sein und den Anforderungen an eine selbständige Prüfungsleistung entsprechen." (§ 17, Abs. 13). Ähnlich lauten die Regelungen aller Prüfungsordnungen, die Gemeinschaftsarbeiten erlauben. Die Prüfungsordnungen für das Lehramt an Gymnasien in Baden-Württemberg und in Niedersachsen sehen dagegen ausdrücklich keine Gemeinschaftsarbeiten vor, sondern akzeptieren nur Individualarbeiten.

4.1.2 Themensuche und -findung

Einige Studierende entwickeln bereits während ihres Studiums recht klare Vorstellungen von dem Themenbereich ihrer Abschlußarbeit. Bisweilen sind erste Vorgespräche bereits am Ende des Grundstudiums sinnvoll, insbesondere wenn ein Studienaufenthalt im Ausland bereits mit einer Sichtung von Material für eine spätere Abschlußarbeit verbunden werden soll. Etwa nach dem 6. Studiensemester sollte ein klärendes Vorgespräch mit einem möglichen Prüfer geführt werden. Dann empfiehlt es sich, bereits vor diesem ersten Gespräch stichpunktartig außer einem Arbeitstitel einige Anmerkungen zur Fragestellung, zu ungefährer Zielrichtung, zum Konzept, zu organisatorischen Fragen (Wahl von Methoden und methodischen Schritten, eventuell Vorhandensein von Hard- und Software, Finanzierung etwaiger Auslandsaufenthalte usw.) und zu groben Zeitvorstellungen aufzuschreiben, damit das Gespräch recht konkret geführt werden kann.

Grundsätzlich müssen folgende Fragen bedacht werden:

- Wie nähere ich mich dem ungefähren Themenbereich meiner Abschlußarbeit?
- Aufgrund welcher Überlegungen und Argumente wähle ich zwischen verschiedenen Möglichkeiten eine Fragestellung aus?
- Welches konkrete Profil und Arbeitsfeld will ich mit einer Diplom- oder Magisterarbeit ausfüllen und damit potentiellen Arbeitgebern anbieten?
- Wie gelange ich zur konkreten Formulierung und zum detaillierten Konzept meines Themas?

Viele Studierende sind, wenn die Themenwahl für die Abschlußarbeit näher rückt, noch unentschieden und auf der Suche nach geeigneten Themen: Manche Prüfer hängen Themenvorschläge für Abschlußarbeiten aus, andere weisen in Lehrveranstaltungen auf mögliche Themen hin - auch solche, die Behörden und Institutionen als Basis für Planungen gerne empirisch bearbeitet haben möchten -, regen im Rahmen von Geländepraktika oder in Vertiefungsseminaren gezielt zur weiteren Arbeit an Forschungsfragen an. Wenn Sie dennoch keine konkreten Vorstellungen von einem möglichen Thema haben, stellen Sie sich vor einem Gespräch mit einem potentiellen Prüfer folgende Fragen:

- Welches Berufsfeld entspricht am meisten meinen Vorstellungen (Behörden/Verwaltung; freie Wirtschaft/Consultingunternehmen; Schule, Hochschule, sonstige Weiterbildung; Medien/Verlage/Informationsvermittlung usw.)?

- Welche inhaltlichen und/oder methodischen Schwerpunkte soll meine berufliche Tätigkeit möglichst umfassen (Planungsfragen, Umweltbereich, Öffentlichkeitsarbeit, Verlagswesen, Entwicklungszusammenarbeit und -projekte, Politikberatung, EDV/Fernerkundung/GIS/Computerkartographie usw.)? Wo kann ich eventuell an ein berufsbezogenes Praktikum anknüpfen?

- Kommt für mich allein eine Arbeitsstelle in Deutschland, im europäischen Ausland (Fremdsprachenkenntnisse?) oder auch im außereuropäischen Ausland in Frage? Würde ich mir - abgesehen von persönlichen Präferenzen - auch eine langjährige berufliche Tätigkeit in sog. Entwicklungsländern vorstellen können; erscheint mir dies mit meinen privaten Lebensentwürfen vereinbar?

- Welches sind die inhaltlichen Schwerpunkte meines Studiums gewesen? Wo liegen meine besonderen regionalen, thematischen und methodischen Neigungen? Besitze ich ein bestimmtes eigenes Profil mit inhaltlichen Schwerpunkten und/oder methodischen Qualifikationen?

- In welche (grobe) Richtung könnte das Thema meiner Abschlußarbeit gehen (am besten vier bis fünf Bereiche anreißen)?

Bedenken Sie, daß Ihre Abschlußarbeit eine Art Visitenkarte sein soll, mit der Sie sich, Ihre Fähigkeiten und inhaltlichen Schwerpunkte bei einem späteren Arbeitgeber vorstellen können. Und machen Sie sich zugleich bewußt: Je klarer Sie sich bereits während Ihres Studiums mit einem oder mehreren besonderen Themenbereich(en) befaßt haben und sich - bestenfalls auch unter Einbeziehung Ihrer Nebenfächer - ein eigenes Profil erarbeitet haben, desto weiter sind Sie bereits auch auf ein mögliches Themengebiet Ihrer Abschlußarbeit vorbereitet. Hierin liegt auch eine besondere Chance im Hinblick auf die Abschlußarbeit: Je klarer Sie eigene Ideen und Vorschläge für ein Thema entwickeln, desto stärker können Sie mit Ihren Potentialen spielen, können Ihre eigenen Stärken einbringen. Je mehr Sie sich von Ihrem Prüfer Ideen oder Themengebiete antragen oder geben lassen, desto weiter können diese - evtl. mangels genauerer Kenntnisse Ihrer Stärken und Schwächen - von Ihren Möglichkeiten entfernt liegen. Und wenn Sie gar eine im weitesten Sinne als „Auftragsarbeit" anzusehende Fragestellung annehmen (etwa im Rahmen geographischer Anwendungspraxis in Institutionen und Behörden oder im Zusammenhang mit Forschungsprojekten), kann (muß aber nicht) Ihre eigene Gestaltungsfreiheit recht eingeengt werden. Anderseits bieten Arbeiten in Anlehnung an solche Institutionen häufig wertvolle Hilfen in inhaltlicher, technischer und organisatorischer Hinsicht. Der Hinweis auf mögliche Einengungen gilt im ungünstigsten Fall dann, wenn spezielle Hypothesen durch Ihre

Arbeit unterstützt oder widerlegt werden sollen. Die Bemerkungen über die Zusammenarbeit mit Institutionen sollen Sie deshalb nicht dazu veranlassen, sich zu früh zu eng zu spezialisieren. Die Breite der Ausbildung und die Offenheit für Fragestellungen gehören zu den besonderen Qualitäten von Geographen, was zunehmend auch auf dem Arbeitsmarkt positiv bewertet wird.

Wichtig ist, daß sich Ihre Arbeit mit einer klaren Fragestellung befaßt - das klingt banal. Aber erfahrungsgemäß fällt es vielen Kandidaten am Beginn der Arbeit sehr schwer, die eigentliche Fragestellung, das (Forschungs-)Problem, mit dem sich ihre Arbeit befaßt, knapp und präzise auf den Punkt zu bringen. Dies ist aber eine enorm wichtige Voraussetzung für die spätere Notwendigkeit, bei der Datenerhebung, beim Suchen und Lesen von Literatur und beim Niederschreiben der Arbeit Wichtiges von Unwichtigem zu trennen. Erst eine präzise Zielansprache ermöglicht es, Wege für empirisches Arbeiten und eine Gliederung der Arbeit zu finden.

Schließlich: Selbst wenn Sie an sich den Anspruch stellen, keine Abschlußarbeit für die Schublade produzieren, möglichst also eine reale Frage- oder Problemstellung bearbeiten zu wollen, aus der andere (die Forschung, die Umwelt, eine Behörde, eine Organisation, ein Unternehmen, eine Nicht-Regierungsorganisation (NGO), von einer Situation betroffene oder gar in Not befindliche Menschen usw.) in irgendeiner Weise einen verwertbaren Nutzen und Sinn ziehen können, sollten Sie auch - besser: vornehmlich - zunächst an sich selbst denken. Schielen Sie nicht allein in die Richtung einer Verwertbarkeit. In erster Linie dient Ihre Abschlußarbeit, ganz realistisch gesehen, Ihrer Qualifikation. Sie brauchen ein Thema, mit dem Sie sich identifizieren können, das Ihre Stärken berücksichtigt und mit dem Sie sich hoffentlich auch im Hinblick auf Ihre beruflichen Ziele ausweisen können. Ihr Thema muß zudem innerhalb der zur Verfügung stehenden zeitlichen Frist bewältigbar und leistbar sein. Erfahrungsgemäß überfordern sich Kandidaten häufig selbst, indem sie zu breite Themen wählen wollen. Ihr Thema muß eine weitgehend in sich geschlossene Fragestellung oder Problematik beinhalten und geeignet dafür sein, daß Sie Ihre Fähigkeiten, am Ende des Studiums inhaltlich und methodisch sauber arbeiten zu können, auch beweisen können. Und vergessen Sie bei allen Ansprüchen an Ihr Thema und sich selbst nicht: Sie sind und bleiben immer eine nicht allein um Distanz bemühte erfassende, analysierende, verstehende, sondern stets zugleich auch lernende Person.

Was aber, wenn ein sorgfältig erwogenes Thema nach konkretem Beginn doch nicht mehr zusagt oder wenn sich das Vorhaben als undurchführbar herausstellt? Die meisten Prüfungsordnungen sehen vor, daß ein offiziell vergebenes Thema innerhalb einer gewissen Zeit (z.B. zwei Monate, ein Drittel der Bearbeitungszeit) zurückgegeben werden kann. Dann muß möglichst unverzüglich ein anderes Thema übernommen und bearbeitet werden. Sollten Sie allerdings an diesem neuen Thema auch scheitern, gilt die Abschlußarbeit als „nicht ausreichend". Bei einem weiteren Versuch – mit einem abermals anderen Thema – sehen die Prüfungsordnungen in der Regel keine Rückgabemöglichkeit mehr vor.

Die hohen Ansprüche an Thema und Durchführung gelten insbesondere für Diplomarbeiten, mit denen Sie zugleich einen Berufseinstieg vorbereiten wollen; übertragen Sie diese Ansprüche aber ruhig auch auf Magisterarbeiten (M.A. und M.Sc.). Als etwas weniger anspruchsvoll wurden bisweilen Zulassungsarbeiten eingestuft, doch sollten Sie auch hier nicht an Engagement sparen: Da der Weg in die Schule schmal geworden ist, wird zunehmend auch die Zulassungsarbeit zur Visitenkarte bei einer Bewerbung im außerschulischen Bereich.

4.1.3   Generelle Zielsetzung der Abschlußarbeit

Mit der Abschlußarbeit sollen Sie zeigen, daß Sie in der Lage sind, ein eng umgrenztes Thema aus Ihrem Fachgebiet mit wissenschaftlicher Methodik zu bearbeiten und darzustellen. Sinngemäß findet sich eine entsprechende Festlegung in den meisten Prüfungsordnungen. Ohne wissenschaftstheoretische Überlegungen zu vertiefen: „Wissenschaftliche Methodik" bedeutet dabei,

- daß eine fachwissenschaftliche Problemstellung vorliegt
- daß eine dieser Problemstellung entsprechende Auswahl an Arbeitstechniken getroffen wird
- daß Beobachtungen und Messungen im Gelände, empirische Erhebungen und Auswertungen von Originalmaterial im Mittelpunkt stehen
- daß diese Arbeitstechniken zur Gewinnung neuer Erkenntnisse eingesetzt werden
- daß die Arbeit in allen Schritten nachvollziehbar ist (und damit bei Einsatz derselben Methodik am gleichen Objekt letztlich zu einem gleichen bzw. bei qualitativen Methoden einem vergleichbaren Ergebnis kommt) und
- daß die Ergebnisse in Text und Darstellung übersichtlich und klar präsentiert werden.

Relativ ausführlich wird dies in der Diplomprüfungsordnung von Greifswald dargelegt (§ 33). Die Prüfungsordnung der Humboldt-Universität Berlin führt aus:

„Für die Diplomarbeit sind möglichst Themen zu wählen, die mit Beobachtungen im Gelände, empirischen Erhebungen und/oder mit der Auswertung sonstigen Originalmaterials (Daten, aerokosmischen Aufnahmen u.a.) verbunden sind." (Ordnung für den Diplomstudiengang Geographie an der Humboldt-Universität ... vom 8.6.1998, S. 15[2]).

Vom Betreuer dürfen Sie erwarten, daß Sie ein Thema zur Bearbeitung erhalten, das in der vorgegebenen Frist auch tatsächlich bewältigt werden kann.

Häufig wird mit der Zielsetzung auch ein praktischer Nutzen verknüpft: Insbesondere bei Diplomarbeiten wird erwartet, daß die Ergebnisse prinzipiell in der Berufspraxis umsetzbar sind und beispielsweise als Entscheidungshilfen bei Planungsprozessen, im Marketing, bei umweltbezogenen Maßnahmen oder in der Entwicklungszusammenarbeit dienen. Häufig entstehen solche Arbeiten aus einer Praktikantentätigkeit in enger Kooperation mit einem Unternehmen oder einer Behörde, die möglicherweise sogar einmal einen Arbeitsplatz anbieten kann. Auch die Ergebnisse von Magister- und Zulassungsarbeiten können häufig in diesem Sinne Verwendung finden. Allerdings wird eine Arbeit nicht allein deshalb „schlechter" oder geringer eingeschätzt, wenn ihr ein Praxisbezug fehlt. Reine Literaturarbeiten (problemorientierte Durchsicht und Interpretation von vorhandener Literatur) sind seltener geworden, haben aber auch durchaus ihren Sinn. Hier bieten Texte die empirische Datengrundlage für Aussagen, die vor dem Hintergrund eines meist disziplingeschichtlichen oder regionsbezogenen Ansatzes zu sehen sind.

4.1.4 Die Bewertung der Abschlußarbeit

Sie haben zwar Ihre Abschlußarbeit noch nicht geschrieben, doch wollen Sie natürlich vor und während der Erstellung wissen, in welcher Frist von wem und nach welchen Kriterien eine Diplom-, Magister- oder Zulassungsarbeit bewertet wird. Was wird eigentlich bewertet?

Nicht alle Prüfungsordnungen regeln, in welcher Zeit die Begutachtung zu erfolgen hat. Leider lassen sich manche Universitätslehrer damit reichlich Zeit; andererseits können auch noch ausstehende Prüfungsabschnitte den Gutachtern einen gewissen Spielraum gewähren, wenn die Gutachten etwa erst zum Termin der mündlichen Prüfung vorliegen müssen. In anderen Prüfungsordnungen werden Zeiträume festgelegt, die meist zwischen vier und acht Wochen liegen, bisweilen aber auch drei Monate betragen (Diplomprüfungsordnung Stuttgart); bei einem auswärtigen Forschungsaufenthalt des Gutachters kann dies knapp sein! Besonders wichtig ist eine schnelle Begutachtung überall dort, wo die Abschlußarbeit am Ende des gesamten Prüfungsverfahrens steht, also nach der mündlichen Prüfung angefertigt wird. Schließlich hängt von einer raschen Begutachtung auch Ihr Berufseinstieg ab. Die Diplomprüfungsordnung Geoökologie in Braunschweig sieht hier vor, daß die Bewertung innerhalb von vier Wochen nach Abschluß der Arbeit zu erfolgen hat – eine raschere Begutachtung sollen Sie nicht erwarten.

In den meisten Ordnungen ist eine Begutachtung durch zwei Prüfungsberechtigte vorgesehen, wobei – gerade bei anwendungsbezogenen Diplomarbeiten – ein Gutachter auch außerhalb der Universität tätig sein mag. Die jeweils zuständige Prüfungsordnung gibt die nötigen Hinweise. An kleinen Instituten kann die Begutachtung durch zwei Personen wegen des damit verbundenen Arbeits- und Zeitaufwands problematisch sein; auch hier sehen zahlreiche Prüfungsordnungen Ausnahmeregelungen vor, um eine fristgemäße Begutachtung zu gewährleisten. Während die Zulassungsarbeiten im Staatsexamen in Baden-Württemberg beispielsweise generell nur von einem Prüfungsberechtigten beurteilt werden, sieht die entsprechende Prüfungsordnung in Niedersachsen die Begutachtung durch zwei Personen vor. Die Heranziehung eines Gutachters von einer anderen Universität, die von Ihnen vielleicht wegen der besonderen fachlichen Kompetenz gewünscht wird, dürfte in den meisten Fällen über einen entsprechenden Antrag an den Prüfungsausschuß zu regeln sein.

Während in den Diplomprüfungsordnungen in der Regel keine expliziten Bewertungskriterien genannt sind, legt die LPO von Nordrhein-Westfalen z.B. fest: Der Erstgutachter erstattet ein Gutachten, „das den Grad selbständiger Leistung, den sachlichen Gehalt, Planung, Methodenbeherrschung, Aufbau, Gedankenführung und sprachliche Form bewerten sowie die Vorzüge und Mängel deutlich bezeichnen soll." (LPO 1994 § 17, Abs. 8).

H. DÜRR (1996) stellt in einem kurzen Artikel einige Bewertungskriterien zusammen, die in die Beurteilung von Abschlußarbeiten, aber auch von Hausarbeiten einfließen. Die Gewichtung ist, dem Studienfortschritt entsprechend, unterschiedlich: Bei einem Anfänger wird man noch nicht die Originalität einer Fragestellung erwarten, die bei der Abschlußarbeit zählt (von DÜRR für Diplomarbeiten mit 10% gewichtet). Daß bei der Abschlußarbeit die Reflexion über theoretische Ansätze, daraus abgeleitete Hypothesen und eine klare begriffliche Struktur eine entscheidende Rolle spielen, ist verständlich (25%). Auch Beschreibung und Analyse der Realität (25%) werden hoch eingeschätzt. Umfang, Vollständigkeit und Aktualität der verwendeten Primär- und Sekundärquellen (10%), Angemessenheit und Beherrschung wissenschaftlicher Arbeitsverfahren (10%), methodologische Reflexion und Souveränität, aber auch angemessene Selbstkritik (10%) und schließlich sprachliche Ausgestaltung,

Ausstattung mit Anschauungsmitteln (5%) sowie Gliederung, Aufbau und Stil der Arbeit in Entsprechung zur Fragestellung und zu den Zielgruppen (5%) sind weitere Bewertungskriterien. Niedrige Prozentwerte sollten Sie keineswegs dazu verleiten, das eine oder andere Kriterium deshalb zu vernachlässigen! Zu diesen Bewertungskriterien und ihrer Gewichtung gibt es allerdings je nach den Vorstellungen und Bewertungsgrundlagen Ihrer Betreuer und Prüfer auch andere Auffassungen, so daß Sie sich nicht verbindlich auf den Vorschlag von DÜRR berufen können.

Entsprechend der genannten Vorgaben fließt die Qualität folgender objektiver Kriterien in die Beurteilung einer Abschlußarbeit ein (ohne hier eine verbindliche Gewichtung durch Reihenfolge zu suggerieren, denn unserer Meinung nach kann eine einheitliche Bewertung auch problematisch sein):

* fachwissenschaftliches Problem und daraus abgeleitete geographische Fragestellung

* Beachtung der einschlägigen Fachliteratur zum Thema der Arbeit

* Konzept, Idee und Umsetzung

* dem Thema entsprechender, angemessener Aufbau und klare Gliederung

* Wahl einer adäquaten Methodik einschließlich der einzelnen methodischen Schritte, eventuell Methodenvielfalt

* das Verhältnis von theoretischer Grundlegung und empirischer Überprüfung

* Argumentation in der Arbeit und der Begründungen für die Aussagen

* Auswertung der Daten

* Bewertung der Sachverhalte und Fähigkeit zu eigenem, begründetem, aber auch kritisch hinterfragtem Urteil

* Herausarbeitung innerer Bezüge

* Benutzung präziser Fachterminologie

* Formulierungen (präzise Ausdrucksweise nach den Regeln der Satzlogik) und

* formale Aspekte (Orthographie, Zeichensetzung, Optik - aber vergessen Sie nicht über dem Wunsch nach optischer Perfektion (Computer!) den Inhalt).

Ferner fließen subjektive Kriterien ein, was im positiven Sinne für die Arbeit verstanden werden sollte. So kann davon ausgegangen werden, daß unkonventionelle Ansätze, begründete andere Wege, persönliches Engagement bei Recherche und Durchführung der Erhebungen usw. als positive Punkte berücksichtigt werden und in die Bewertung einfließen. Dazu gehört auch der Bezug zu Forschungsansätzen und -ergebnissen anderer Disziplinen, die für die Geographie fruchtbar gemacht werden können. Auch erschwerte Bedingungen bei Auslandsaufenthalten, insbesondere dann, wenn Fremdsprachenkenntnisse, ein Einfühlen in andere Werte- und Normensysteme sowie andere Mentalitäten und Gepflogenheiten mit dem Studienaufenthalt verbunden sind, finden Berücksichtigung.

Die Notenskalen sind in den Prüfungsordnungen vorgegeben und werden dort auch verbal erläutert (Kap. 2.6).

Unterschiedlich geregelt ist, wann Sie die Bewertung Ihrer Arbeit erfahren. Die meisten Prüfungsordnungen regeln nur, daß die Note der mündlichen Prüfung unmittelbar nach der Prüfung und der anschließenden Beratung der Prüfungskommission mitgeteilt wird. Im unangenehmsten Fall erfahren Sie die anderen Noten also erst in Ihrem Abschlußzeugnis. In der Praxis werden Ihnen Teilnoten bzw. die Bewertung der Abschlußarbeit früher mitgeteilt. Einige Prüfungsordnungen legen sogar fest, daß die Note der Abschlußarbeit vorweg routinemäßig oder auf Antrag hin mitgeteilt wird (letzteres z.B. nach der Prüfungsordnung für Diplom-Geoökologie in Braunschweig, § 17 [2]).

4.1.5 Bearbeitungsdauer und Verlängerung der Abgabefrist

Wenn Sie zu der Auffassung kommen, daß eine Verlängerung Ihrer Abgabefrist unumgänglich wird, sprechen Sie möglichst früh mit Ihrem Betreuer. Legen Sie ihm dabei ganz offen und ehrlich vor, wie weit Ihre Arbeit bisher gediehen ist, damit Sie gemeinsam über das weitere Vorgehen beraten können. In den neueren Prüfungsordnungen werden Verlängerungsmöglichkeiten eher restriktiv gehandhabt, weil mit der Verschiebung der Abgabefrist meist auch eine Verlängerung der gesamten Studiendauer verbunden ist. Fast überall findet sich der Hinweis, daß eine Verlängerung ein Ausnahme- und nicht der Regelfall ist. Letztlich wäre ja die Themenstellung verfehlt, wenn das Thema nicht in der verfügbaren Zeit zu bearbeiten ist!

Für das Lehramt in Niedersachsen nennen die Bestimmungen an der Universität Osnabrück die Möglichkeit, die Bearbeitungsdauer „aus wichtigen Gründen, die der Kandidat nicht zu vertreten hat" um einen Monat zu verlängern. In Köln kann die Bearbeitungszeit um vier bis maximal sechs Wochen verlängert werden, in Trier bei Vorliegen eines triftigen Grundes um bis zu drei Monaten. Ein solcher Grund kann beispielsweise eine Erkrankung sein. Im

Krankheitsfall lassen Sie sich umgehend ärztlich attestieren, daß und - unter Angabe der genauen Daten - wie lange Sie krank geschrieben sind. Bei umgehendem Einreichen des ärztlichen Attests verlängert sich die Abgabefrist Ihrer Arbeit in der Regel um die Zahl der Krankheitstage (natürlich muß auch diese Verlängerung beantragt werden, teilweise genügt die Vorlage eines Attests). Derartige Verlängerungsmöglichkeiten sind nie eine Einladung zur Bummelei. Sie zeigen, daß auch gewisse Rahmenbedingungen wie die Dauer von Fernleihen im Bibliothekswesen oder sehr spezifische Erhebungsmethoden im Gelände akzeptiert werden können. Weitere Gründe, die sich aus der Arbeit ergeben und die eine Verlängerung sinnvoll machen, könnten Verzögerungen bei der Beschaffung unabdingbar erforderlicher Daten oder die Dauer von Meßreihen im Gelände sein (was allerdings zeigen würde, daß der Betreuer die Themenstellung nicht optimal bedacht hat). Der Computerabsturz eine Woche vor Abgabetermin wird allerdings heute nicht mehr als ausreichende Begründung akzeptiert, denn rechtzeitige Datensicherung gehört mit zum notwendigen Handwerk – doch davon später mehr.

4.1.6 Abgabe der Arbeit, Vertraulichkeit

Über die Zahl der abzugebenden Exemplare machen die Prüfungsordnungen recht unterschiedliche Aussagen; daher sollten Sie sich rechtzeitig danach erkundigen. In Bonn werden bei Diplom- und Magisterarbeiten zwei Exemplare beim Prüfungsamt abgegeben, ebenso bei allen Abschlußarbeiten in Freiburg, und dies gilt wohl für die meisten anderen Prüfungsordnungen auch. Die Diplomprüfungsordnungen an der Humboldt-Universität Berlin und in Jena sowie die Magisterprüfungsordnung in Passau sehen jedoch drei, die Diplomprüfungsordnungen in Trier und Greifswald sogar vier Exemplare vor. Beim Staatsexamen in Bonn wird dagegen nur ein Exemplar der schriftlichen Hausarbeit beim Prüfungsamt eingereicht; denken Sie aber daran, daß auch der Betreuer Ihrer Hausarbeit ein Exemplar behalten möchte, und geben Sie ihm daher persönlich ein eigenes Exemplar.

Wichtig ist grundsätzlich, daß Arbeiten aus laufenden Verfahren in der Regel nicht an Dritte gegeben oder gar veröffentlicht werden dürfen. Nach Abschluß des gesamten Prüfungsverfahrens steht einer Veröffentlichung Ihrer Arbeit eigentlich nichts im Wege, doch sollten Sie darüber mit Ihrem Betreuer sprechen; die Betreuung der Arbeit als geistige Leistung und eventuell die Einbindung in ein größeres Forschungsprojekt können seine Mitsprache bei einer

Publikation rechtfertigen. Außerdem ist es meist sinnvoll, noch einige Korrekturen mit dem Betreuer abzusprechen.

4.1.7 Fristenüberschreitung

Was passiert, wenn man seine Abschlußarbeit nicht fristgerecht eingereicht hat oder eine Arbeit als nicht ausreichend benotet wurde? In einem solchen Fall wird die Leistung der Abschlußarbeit als erster fehlgeschlagener Versuch angesehen, dem ein einziges Mal ein neuer, zweiter Versuch folgen kann (Fristen für eine Anmeldung bitte im Einzelfall genau erfragen!). Die zweite Arbeit muß über ein neues Thema oder über eine andere Region geschrieben werden. Das Ergebnis des ersten mißlungenen Versuchs taucht später in den Prüfungsurkunden nicht auf. Alle anderen bestandenen Prüfungsleistungen (Ergebnisse mündlicher Prüfungen und Klausuren) bleiben i.d.R. erhalten, so weit sie erbracht werden konnten - fragen Sie jedoch für jeden Einzelfall beim Prüfungsamt nach. Vergleichbares gilt auch für die mündlichen Prüfungen und Klausuren. Wenn Sie einen Prüfungsabschnitt ohne Angabe ausreichender Gründe nicht antreten oder vorzeitig abbrechen, wird diese Prüfungsleistung als nicht bestanden (im Diplom: „nicht ausreichend", beim Staatsexamen: „ungenügend" gewertet).

4.2 Die Grundlagen: Strukturierung, Recherchen und Formalia

4.2.1 Thema und Titel

Jede Arbeit beginnt - so banal dies erscheint - mit ihrem Titel. Titel und Inhalt der Abschlußarbeit müssen selbstverständlich zueinander passen. Daher ist es wichtig, daß Sie sich zunächst sehr gründlich überlegen, *was* Sie mit *welcher Zielsetzung wie* untersuchen und darstellen wollen; dann läßt sich ein Thema formulieren. Einige Prüfungsämter akzeptieren, wenn im Verlauf der Bearbeitung noch - allerdings geringfügige - Umformulierungen oder Akzentverschiebungen vorgenommen werden - erkundigen Sie sich aber unbedingt vorher. Meist kann man Gliederung und Text verändern, ohne daß sich das im Titel niederschlägt. Auch geringfügige Veränderungen müssen schriftlich von

Ihrem Betreuer oder Ihnen angezeigt werden (erkundigen!). Die Titelformulierung sollte weder zu reißerisch noch zu trocken oder zu umständlich sein („Das kalte Grausen" bzw. „Geographische Untersuchungen zu den Einwirkungen winterlicher Kälte auf die individuelle und gesellschaftliche Lebensgestaltung in Island unter besonderer Berücksichtigung der älteren Bevölkerung, aufgezeigt am Beispiel der Verhältnisse in einem ausgewählten östlichen Vorort Reykjaviks") - es gibt genügend Zwischenlösungen, die dem potentiellen Leser die Freude an der Lektüre nicht bereits beim Aufschlagen des Deckblatts nehmen.

Bleiben Sie bei Titel und Ansprüchen an die Arbeit nicht zu deskriptiv (z.b.: „Gewerbegebiete in Köln: Verbreitung, Strukturen, Entwicklung"), sondern gehen Sie problemorientiert an eine Fragestellung. Dabei sind u.U. Formulierungen wie „Zum Problem / Zur Problematik von ..." oder „Entwicklungs- / Handlungspotentiale und -defizite ..." leitend. Reizworte („Nachhaltigkeit", „Umweltverträglichkeit", „GIS", „Verkehrsmanagement", „Marketing", „Globalisierung" ...) sollten bedacht begründet und nur dann im Titel verwendet werden, wenn sie in der Arbeit wirklich eine wesentliche Rolle spielen. Sie haben es doch nicht nötig, zu zeigen, daß Sie diese Begriffe kennen! Bleiben Sie bei allen möglichen Titelvorstellungen realistisch - nicht allzu bescheiden-eng, aber auch nicht zu allumfassend. Viele (Wunsch-)Vorstellungen von Titeln wecken bei dem Kandidaten und bei anderen hohe Ansprüche. Mit diesen verbindet sich oft die Gefahr eines enormen Erwartungsdrucks, der lähmend werden, zumindest große Unzufriedenheit erzeugen kann. Ihr Thema muß ja in der angesetzten Prüfungszeit realistisch zu bewältigen sein.

Aus eigener Erfahrung wissen wir, daß es immer wieder schwierig ist, das Kernanliegen, die eigentliche Fragestellung einer Arbeit genau anzusprechen: Versuchen Sie möglichst, Ihre Hauptfragestellung in einem, höchstens zwei Sätzen zusammenfassend zu formulieren - am besten als Frage. Da diese Frage recht komplex bleiben wird, ist eine Aufgliederung in mehrere Leit- und Unterfragen sinnvoll. So zu verfahren erleichtert später, wenn recherchierte Daten, selbst erhobenes Material und aus der Literatur aufgearbeitete Gedanken und Einsichten so enorm angewachsen sind, daß Sie in der Informationsflut fast zu ersticken meinen, die schwierige Aufgabe der Selektion von (für Sie und Ihre Fragestellung) wichtiger bzw. unwichtiger Information. Die Kernfragestellung bildet dann einen Leitfaden, an dem Sie sich immer wieder orientieren können.

4.2.2 Aufbau und Gliederung

Die Arbeit sollte ein ausgewogenes Verhältnis zwischen Einleitung, theoretischer Grundlage, Methodenwahl, Hintergrundinformationen, eigentlicher Durchführung der Untersuchung (Präsentation des Materials, Deskription der Sachverhalte, Analyse der Zusammenhänge, Formulierung von Ergebnissen und Handlungsempfehlungen) und resümierendem Fazit aufweisen. Es ist kaum einzusehen, wenn die „eigentliche" Arbeit weniger als zwei Drittel des Textumfangs ausmacht. Im Mittelpunkt (mit dem größten Anteil am Gesamtumfang) steht die Behandlung der eigentlichen Fragestellung. Hinführung zum Thema, evtl. forschungsgeschichtlicher Rückblick, Diskussion der verwendeten Methodik und weiterführende Schlußfolgerungen umfassen wesentlich kürzere Abschnitte. Bei der Darstellung des Untersuchungsraumes für eine sozial- und wirtschaftsgeographische Analyse kann in den meisten Fällen durchaus darauf verzichtet werden, zunächst den Naturraum darzustellen - insbesondere dann, wenn Sie Ihr Wissen über die Natur einer Gemeinde nur aus kleinmaßstäbigen Karten ziehen und keine Detailuntersuchungen zitieren, aber auch dann, wenn der Naturraum für Ihre Argumentation eingestandenermaßen keine besondere Rolle spielt.

Die Gliederung zeigt Ihre Fähigkeit, einen komplexen Zusammenhang zu strukturieren. Dabei folgt eine Abschlußarbeit nicht einer lehrbuchartigen Systematik, sondern einem speziellen Gedanken, der sich aus Problem- bzw. Fragestellung ergibt. Damit verbieten sich Überschriften, die nicht themenspezifisch, sondern formal sind. Weder die Überschrift „Einleitung" noch „Hauptteil" oder „Zusammenfassung" sind sehr einfallsreich - sie sind austauschbar für jede Abschlußarbeit und sollten daher vermieden werden. Dies gilt auch für Zwischenüberschriften: Bei der Darstellung des Naturraumes nacheinander die Kapitel „Geologie", „Relief", „Klima", „Gewässer", „Vegetation und Tierwelt" aufzulisten oder in einer anthropogeographischen Übersicht von „Bevölkerung", „Sozialstruktur", „Siedlungen" und „Wirtschaft" zu berichten, ist nicht besonders originell. Überlegen Sie sich für alle Überschriften sorgfältig eine aussagekräftige, individuelle Kurzformel, die die Aussage des gesamten Abschnittes, über dem die Überschrift steht, sinnvoll zusammenfaßt. Dies kann im Ausnahmefall sogar einmal ein Aussage- oder Fragesatz sein, z.B. „Sind die Trends im Gewerbepark Bettenburg typisch für die Wirtschaftsentwicklung Münsters?", „Der ´demographische Übergang´ findet in Kota Kinabalu nicht statt.", „Freiburg-Rieselfeld verwirklicht eine neue städtebauliche Konzeption."). Außerhalb Deutschlands wird dieses Stilmittel „sprechender" Überschriften merklich deutlicher gepflegt als bei uns, insbesondere in der französischen Geographie. Vielleicht lassen Sie sich einmal von einer dort verfaßten Arbeit etwas inspirieren.

Im Aufbau der Arbeit sollte die Problemorientierung hervortreten. Das Problem zu strukturieren fällt sicher schwerer als eine systematische, nacheinander abarbeitende, recht deskriptive Gliederung. Dies darf nicht dazu führen, daß in den Einführungsabschnitten eine sehr differenzierte Gliederung mit kurzen Abschnitten zu finden ist, der Hauptteil dagegen nur aus zwei oder drei überlangen Kapiteln besteht, weil es schwerfiel, den Gedankengang zu ordnen. Bestimmt können nicht alle Kapitel und Unterabschnitte gleich lang sein, aber eine gewisse Einheitlichkeit erleichtert die Lektüre.

Wie wird gegliedert? Inhaltlich sollte man immer von Schwerpunkten bzw. Hauptkomponenten einer Problematik ausgehen und diese zu Hauptkapiteln erheben, deren nachgeordnete oder sie bedingende Wirkungsgefüge in Unterkapitel verwiesen werden. Formal kann zwischen Dezimalklassifizierungs-Systemen, Buchstaben-Ziffern-Systemen sowie deren Kombinationen gewählt werden. Üblich ist heute das Dezimalklassifizierungs-System (s. S. 50)

Auch wenn wir hier absichtlich kein konkretes Beispiel der Gliederung eines bestimmten Themas ausgewählt haben, soll die schematisiert-formalistische Beispielgebung (mit Bezeichnungen wie „Haupt-", „Unterthema", „Einleitung" usw.) auf keinen Fall dazu verleiten, daß Sie diese Bezeichnungen etwa in Ihre Gliederungen schreiben - im Gegenteil: Vermeiden Sie derartige nichtssagende Überschriften unbedingt und formulieren Sie statt dessen inhaltsorientierte Überschriften!

Immer wieder wird gefragt, wie stark zu untergliedern ist. Auch wenn Sie - wie es inzwischen üblich wurde und mit Hilfe dessen die Gliederung des Textes beim Schreiben und Lesen einfacher zu merken ist - ein Dezimalgliederungs-System verwenden, sollte die Gliederungstiefe möglichst nicht über mehr als drei Stellen (z.B. 2.3.4) hinausgehen. Beachten Sie dabei den Grundsatz, daß es sich um eine Hierarchie handelt; viele Teilabschnitte können und sollen gleichberechtigt nebeneinander, übergeordnete Abschnitte dagegen auch in der Wichtigkeit höher stehen. Eine Gliederung, die unter jeder Hauptüberschrift nur zwei Unter-Überschriften aufweist, zeugt nicht gerade von besonderem Einfallsreichtum und differenzierender Strukturierungsgabe des Autors.

Für die Strukturierung einer Arbeit und ihrer Gliederung gilt außerdem: „Wer 'A' sagt, muß auch 'B' sagen." Dies heißt: wenn Sie bei der Untergliederung einen untergeordneten Abschnitt *.*.1 gebildet haben, muß wenigstens ein Abschnitt *.*.2 folgen. Oder haben Sie schon einmal erlebt, daß man ein Ganzes in weniger als wenigstens zwei Teile gliedern bzw. aufteilen kann?

Dezimalklassifizierungs-System

---

1   Einleitung oder Erster Hauptteil
1.1   Erstes Hauptthema
    1.1.1   Erstes Unterthema
    1.1.2   Zweites Unterthema
1.2   Zweites Hauptthema
    1.2.1   Erstes Unterthema
    1.2.2   Zweites Unterthema

2   Hauptteil oder Zweiter Hauptteil
2.1   Erstes Hauptthema
    2.1.1   Erstes Unterthema
    2.1.2   Zweites Unterthema
    2.1.3   Drittes Unterthema
2.2   Zweites Hauptthema
    2.2.1   Erstes Unterthema
        2.2.1.1   Erstes Unterstthema
        2.2.1.2   Zweites Unterstthema
    2.2.2   Zweites Unterthema
        2.2.2.1   Erstes Unterstthema
        2.2.2.2   Zweites Unterstthema
    2.2.3   Drittes Unterthema
2.3   Drittes Hauptthema

3   Schlußteil oder Dritter Hauptteil
3.1   Erstes Hauptthema
3.2   Zweites Hauptthema

4   Verzeichnisse

Buchstaben-Ziffern-System

I. Einleitung oder Erster Hauptteil
   A. Erstes Hauptthema
      1. Erstes Unterthema
      2. Zweites Unterthema
   B. Zweites Hauptthema
      1. Erstes Unterthema
      2. Zweites Unterthema

II. Hauptteil oder Zweiter Hauptteil
   A. Erstes Hauptthema
      1. Erstes Unterthema
      2. Zweites Unterthema
      3. Drittes Unterthema
   B. Zweites Hauptthema
      1. Erstes Unterthema
         a) Erstes Unterstthema
         b) Zweites Unterstthema
      2. Zweites Unterthema
         a) Erstes Unterstthema
         b) Zweites Unterstthema
      3. Drittes Unterthema
   C. Drittes Hauptthema

III. Schlußteil oder Dritter Hauptteil
   A. Erstes Hauptthema
   B. Zweites Hauptthema

IV. Verzeichnisse

Die Länge der Abschnitte mit eigenständigen Überschriften sollte in der Regel deutlich über eine Textseite hinausreichen. Wollen Sie tatsächlich einen Gedankenzusammenhang stärker strukturieren, bietet es sich an, gliedernde Schlüsselbegriffe fett oder kursiv hervorzuheben. Auch der fortlaufende Text sollte nicht zu stark in Absätze gegliedert werden: Nicht jeder Satz ist ein Absatz, sonst wirkt der Text zerhackt (um nicht zu sagen: geschreddert). Sicher sollte jeder Satz einen Gedanken umfassen. Aber viele Gedanken sind komplexer: Jeder Absatz bildet dann einen solchen komplexen, in sich zusammenhängenden Gedanken, den auszuführen es normalerweise mehrerer Sätze bedarf.

Es ist völlig normal, daß die erste nicht die endgültige Gliederung Ihrer Arbeit ist, sondern daß sich die ersten Gliederungsentwürfe mehrfach (allerdings nach den ersten vier bis fünf Änderungen hoffentlich nicht mehr allzu grundlegend) verändern.

Noch einige Tips:

• Schreiben Sie Ihre erste Gliederung sehr früh; sie bildet den Grundstock für jede weitere Arbeit - und sei es allein das Ordnen Ihres Materials.

• Überdenken Sie bei jeder Neugliederung die Formulierung der Überschriften. Mit zunehmender Analyse und Darstellung sollten Überschriften von formalen zu inhaltlichen Aussagen werden.

• Grundsätzlich ist es sinnvoll, den Aufbau einer Arbeit hinsichtlich des inhaltlichen Spannungsbogens wie auch des Umfangs (und damit der Gewichtung der einzelnen Teile der Arbeit) der Form einer Gauss'schen Glocke nachzuempfinden. Wägen Sie ab, welche Teile der Arbeit sinnvoll, notwendig, unerläßlich oder vernachlässigbar, sehr wichtig, wichtig, randlich wichtig und nachrangig sind und daher welchen Umfang beigemessen bekommen sollten (s. dazu auch Kap. 4.2.3). Gewichten und betonen Sie die Schwerpunkte Ihrer Arbeit durch gezielte Plazierung innerhalb der Kapitelreihenfolge und gezielte Zuweisung des Umfangs einzelner Kapitel.

• Wollen Sie eher eine „traditionelle" oder eine (begründete) eigene, vielleicht etwas exzentrische Form der Gliederung wählen? Auch bei eigenwilligem Aufbau sollten notwendige Grundelemente enthalten sein. Selbstverständlich gehören theoretischer, methodischer und empirischer Teil sowie ein Literaturverzeichnis unabhängig vom Stil der Gliederung in Ihre Arbeit.

• Eine (unverbindliche) Faustformel besagt: Gute Arbeiten enthalten etwa 50-60% fremde, 40-50% eigene Anteile; sehr gute Arbeiten schaffen es zuweilen, den Anteil eigenen Materials und eigener Ideen auf bis zu 80% anzuheben. Der Umkehrschluß ist jedoch nicht erlaubt: Manchmal sind es gerade die gedanklich dünnen Arbeiten, die einen besonders hohen Eigenanteil besitzen, weil auf theoretische Fundierung und allgemeine Einordnung der Thematik oder auf Bezüge zu anderen geographischen Untersuchungen verzichtet wird. Darüber hinaus sind jedoch weitere Bewertungskriterien zu berücksichtigen (s. Kap. 4.1.4).

Weitere Hinweise zur Gliederung der Abschlußarbeit finden Sie bei KRÄMER (1995: 62-67) - aber denken Sie bei aller Suche nach Vorbildern daran, daß keine der dort vorgestellten Gliederungen „perfekt" oder ohne weiteres übertragbar ist auf Ihre eigene Arbeit. Sie sollen Ihnen nur einige Beispiele vor Augen führen und vielleicht Ideen vermitteln. Schauen Sie sich darüber hinaus unbedingt auch Gliederungen von Lehr- und Fachbüchern an, um sich der Komplexität der meisten Fragestellungen bewußt zu werden.

4.2.3 Umfang und Gestaltung

Prinzipiell ist der Umfang einer Abschlußarbeit nebensächlich. In keinem Institut existiert eine Waage, die den Wert einer Arbeit nach Gewicht mißt. Und kein Betreuer wird sich allein vom Seitenumfang blenden lassen. Präzise Ausdrucksweise und klare Begrifflichkeit erlauben kürzere Arbeiten als sprachliche Unsicherheit und Unklarheit beim Gebrauch der Fachterminologie. Im Zeitalter des Computers läßt sich außerdem durch Schrifttyp, Schriftgröße, Zeilenabstand usw. bei gleichem Text ein sehr unterschiedlicher Seitenumfang erzielen. Auch Abbildungen (Karten, Graphiken, Bilder) und Tabellen, die zur Dokumentation, Illustration oder systematischen Aufarbeitung von Informationen eingefügt werden, tragen zur Vergrößerung des Umfanges bei.

Viele Arbeiten verwenden heute den Schrifttyp „Times Roman" oder eine ähnliche Proportionalschrift. Serifenschriften sind meist angenehmer zu lesen als Groteskschriften, da die „Füßchen" der Buchstaben (Serifen) als verbindende Schnörkel gesehen werden. Bei einer Schriftgröße von 12 Punkt (bitte nicht kleiner!), bei einem Seitenrand von 3 cm links, 2 cm rechts und jeweils 2,5 cm oben und unten sowie bei einem Zeilenabstand von minimal 1,3 läßt sich damit auf einer Seite etwa soviel Text unterbringen wie auf zwei herkömmlichen Schreibmaschinenseiten (Courier 12, anderthalbfacher Zeilenabstand). Wenn Sie den linken Seitenrand auf 4, den rechten auf 2,5 cm verbreitern und zugleich den Zeilenabstand etwas größer wählen (bis 1,5), erleichtern Sie dem Betreuer die Korrektur.

Daraus ergeben sich die folgenden Richtwerte für den Umfang von Abschluß-arbeiten:
- Diplomarbeit: maximal 100 - 120 Seiten
- Magisterarbeit: maximal 70 - 100 Seiten
- Zulassungs-/Staatsarbeit: maximal 50 - 80 Seiten

Denken Sie daran: Eine kürzere Arbeit kann bei gleicher Bearbeitungszeit eine höhere Gedankendichte aufweisen, wenn sie auf Wiederholungen verzichtet. Sie liest sich in der Regel „spannender", weil der Text nicht langatmig ist. Allerdings darf Gedankendichte nicht mit Phrasendrescherei und Schaumschlägerei verwechselt werden.

Die neue Magisterprüfungsordnung in Düsseldorf von 1998 begrenzt den Umfang der Magisterarbeit auf 60 Seiten zu je 2100 Anschlägen (das sind 35 Zeilen à 60 Anschläge), und auch die Magisterordnung in Eichstätt spricht von ca. 60 Seiten. Die neue Magister-Prüfungsordnung für Freiburg (vom 6.9.1995) legt fest, daß die Magisterarbeit „einen Umfang von maximal 100 DIN A 4-Seiten zu je 40 Zeilen mit je 60 Zeichen nicht überschreiten" soll. Auch die Diplomprüfungsordnung in Bonn setzt mit 120 Seiten eine obere Grenze. Das hat seinen guten Grund: In der Vergangenheit wurden oft genug Arbeiten eingereicht, die den Umfang von Dissertationen besaßen oder die gar durch seitenlange Datensätze aus dem Computer unnötig aufgebläht wurden. Nichts gegen Daten und Dokumentation: Es gibt im Zweifelsfall ja auch die Möglichkeit, einen Anhang zu schaffen. Der Umfang ist sicher eine Funktion der Themenstellung; dies bei der Themenformulierung zu bedenken, gehört auch in den Aufgabenbereich des Betreuers.

Schließlich - was die Paginierung (Seitenzählung) anbelangt: Das innere Titelblatt (nicht das eventuell auch auf dem äußeren festen Umschlagdeckel gedruckte) beginnt mit der Seitenzahl 1, auch wenn diese dort nicht ausgedruckt wird. Anschließend werden alle Seiten normal durchgezählt, selbst wenn sie nicht ausgewiesen paginiert sind (wie z.B. Vorwort und Inhaltsverzeichnis).

Kopfzeilen mit (Haupt-)Überschriften können hilfreich sein, sind aber nicht erforderlich. Immerhin verrät ein gutes Layout, daß Sie auch Wert auf eine ansprechende Gestaltung legen.

Weitere Hinweise zu Schriftbild und Layoutfragen erhalten Sie in SESINK 1994: 120-124.

4.2.4 Literatursuche, Bibliographieren und Zitieren

Es wird heute niemand erwarten, daß Sie alle Literatur zu Ihrem Thema und dessen wissenschaftlichem Umfeld erfaßt, gelesen und verarbeitet haben; dafür hat die Publikationstätigkeit zu explosionsartig zugenommen. Um so wichtiger ist eine gezielte und sorgfältige Literaturrecherche, die zur adäquaten Auswahl hinführt.

Drei Schritte sind erforderlich:
- Literatursuche: Wie finde ich einschlägige Literatur auf möglichst gezielte Weise?
- Literaturauswahl: Welche Titel sind relevant, wichtig, interessant? Wie wähle ich aus einer umfassenden Literaturliste gezielt aus?
- Literaturbeschaffung: Welche Literatur erwerbe ich? Wie und woher besorge ich Texte, die ausgeliehen und/oder kopiert werden sollen?

Ihre bibliographische Recherche (Literatursuche) muß zumindest in vier Richtungen gehen:
- Arbeiten zum inhaltlichen Ansatz und zu den Grundfragen Ihrer Untersuchung
- Arbeiten zum theoretischen Hintergrund und zur wissenschaftlichen Diskussion
- Arbeiten zum methodisch-arbeitstechnischen Vorgehen
- Arbeiten zum Forschungsobjekt, zur Region und zur eigentlichen Fragestellung

Am Beginn steht nach gründlichem Überdenken der Themenstellung die Suche nach Grundlagenliteratur zu den Arbeitsfeldern, die mit der Thematik in theoretischer, methodischer und inhaltsbezogener Hinsicht angesprochen sind. Hierbei werden Sie in der Regel zunächst auf Hinweise zurückgreifen können, die Sie im Laufe des Studiums (Literaturlisten zu Lehrveranstaltungen, eigene Recherchen im Rahmen Ihrer Studienschwerpunkte) gesammelt haben. Die Instituts- bzw. Fachbereichs- und die Universitätsbibliotheken bieten über moderne EDV oder Kataloge (meist nur Altbestände) erschlossene Grundlagenwerke an.

Eine von der Universität Bochum ausgehende systematische Erfassung der neueren geographischen Zeitschriftenliteratur auf EDV-Basis (LIDOS) ist leider nicht generell verbreitet; zahlreiche Institutsbibliotheken beziehen jedoch diese Informationen und können sie zur Recherche bereitstellen.

Für eine gründliche Literaturrecherche sollten Sie neben der Universitäts- und Institutsbibliothek - je nach Thema - auch gegebenenfalls bei folgenden *weiterführenden Stellen* recherchieren (ohne Bedeutungshierarchie aufgelistet):

- Stadt- und Kreisverwaltungen, (Stadt-)Planungsämter, Regionalverbände
- benachbarte Universitätsinstitute oder außeruniversitäre Forschungseinrichtungen
- Staatsarchiv und weitere Archive
- Landesvermessungsamt
- Bundesamt für Bauwesen und Raumordnung (BBR), früher: Bundesforschungsanstalt für Landeskunde und Raumordnung (BfLR)
- Deutsches Institut für Urbanistik (DIFU)
- Einrichtungen der politischen Bildung wie insbesondere die Landeszentralen für politische Bildung
- private Consultingunternehmen (Empirica, Infas, Prognos usw.)
- Zeitungsarchive bzw. Zeitungsdokumentationsstelle
- heimatkundliche Geschichts- und Naturkundevereine
- Touristeninformationen.

Speziell zum *Ausland und zu den sog. Entwicklungsländern* finden Sie Literatur in folgenden Einrichtungen:

- Forschungsinstitute mit regionalen Schwerpunkten (vgl. die - allerdings nicht ganz vollständigen - Zusammenstellungen im Geographischen Taschenbuch)
- Deutsches Überseeinstitut (Hamburg): Literaturrecherche zu Regionen und Themen
- Asienhaus (Essen)
- HWWA - Institut für Wirtschaftsforschung - Hamburg
- Institut für Weltwirtschaft (Kiel): „Clipping Service" (Zeitungsausschnitte)
- für die Staaten der GUS: Bundesinstitut für ostwissenschaftliche und internationale Studien (derzeit noch Köln, ab 2001 zusammengelegt mit der Stiftung Wissenschaft und Politik [derzeit Ebenhausen] in einem Bundesinstitut in Berlin); Forschungsstelle Osteuropa (Universität Bremen); Osteuropa-Institut der Freien Universität Berlin; Osteuropa-Institut München
- für das östliche Europa: Institut für Länderkunde (Leipzig)
- Bundeszentrale und Landeszentralen für politische Bildung
- Gesellschaft für Technische Zusammenarbeit (GTZ) (Eschweiler)
- Bundesstelle für Außenhandelsinformation (BfAI) (Köln und Berlin)
- Deutsche Stiftung für Entwicklung (DSE)

- politische Stiftungen (Konrad-Adenauer-, Friedrich-Ebert-, Karl-Arnold-, Friedrich-Naumann-, Heinrich-Böll-Stiftung usw.)
- Nationale und Internationale Handelskammern
- Botschaften
- Organisationen der Vereinten Nationen (UNDP, UNEP, WTO, WHO, IUCN, UNHCR usw.)
- Munzinger Archiv (Ravensburg)
- Internet (Zugang zu Behörden, Nachweis der Bestände großer Bibliotheken)

Ferner sollten Sie unbedingt auch in *Kongreßberichten*, vor allem den Abhandlungen der Deutschen Geographentage recherchieren, um Einblicke in die „Forschungsfronten" zu erhalten.

Die wichtigsten *Bibliographien* in der Geographie sind:

- Current Contents (Reihe Physical, Chemical and Earth Sciences)
- Current Geographical Publications
- Bibliographie Géographique Internationale (BGI)

Die „Bibliographie Géographie Internationale" (BGI) erschließt Ihnen über einen thematischen und regionalen Schlüssel die Aufsätze von über 200 geographischen Fachzeitschriften. Schrecken Sie nicht vor dem Französischen zurück: Die Schlüssel sind auch auf Englisch aufgenommen, und die Titel der Zeitschriftenaufsätze stehen in der Originalsprache ihrer Veröffentlichung dort. Es gibt keine bessere Quelle zur Erschließung von Zeitschriftenaufsätzen als die BGI. Allerdings ist der zeitliche Abstand zwischen dem Erscheinen der Fachaufsätze und ihrer Dokumentation in der BGI oft erheblich. Ferner gilt: Der jüngste Forschungsstand steht nicht in Lehrbüchern, denn diese beruhen in aller Regel auch auf bereits veröffentlichten Fachaufsätzen. Die Forschungsfront erschließt sich vor allem durch die Rezeption von Aufsätzen in Fachzeitschriften!

Hier ist weiterführende Recherche erforderlich. Wie dies gemacht wird und welche Hilfsmittel dafür bestehen, sollten Sie in der Einführungsübung gelernt (und hoffentlich nicht sofort wieder vergessen) haben. Die systematische Methode führt über die großen Bibliographien (Nationalbibliographien) zu regions- und themenspezifischen Spezialbibliographien, die ihrerseits erst in den entsprechenden Abteilungen Ihrer Hochschulbibliothek gefunden werden müssen (zu Einzelheiten vgl. KRÄMER 1999: 36-47). Die assoziative Methode, auch oft als „Schneeballsystem" beschrieben, besteht in einem Durchhangeln durch alle Werke, die wenigstens einige Literaturhinweise enthalten - vielleicht mit dem Zufallstreffer eines sehr ausführlichen Literaturverzeichnisses oder einer bibliographischen Dokumentation in einer Zeitschrift.

Sinnvoll ist es, zu Beginn Ihrer Arbeiten einen zeitlichen Block intensiver Literaturrecherche einzuplanen, der - je nach Thema und bereits vorliegender Recherchen - zwischen zwei und vier Wochen liegen und zunehmend Lektüreabschnitte einbeziehen sollte. Es ist selbstverständlich, daß Sie während der Beschäftigung mit Ihrer Abschlußarbeit die bibliographische Recherche immer fortsetzen müssen. Allerdings sollte die Recherche nicht zum Selbstzweck werden, der Sie unverhältnismäßig viel Zeit kostet. Sinnvoll ist es, sich eine zeitliche Frist zu setzen, bis zu der man eine intensive Recherche abgeschlossen hat, und von der an man nur noch „nebenbei" relevante Literatur aufnimmt und berücksichtigt. Wichtig ist, daß man möglichst bald mit dem Lesen und der Auswertung der Literatur beginnt. Wenn Sie systematisch gesammelt haben, wird es Ihnen kaum passieren, daß Sie eine Woche vor Abgabe auf das Werk stoßen, in dem bereits fast alles gesagt ist, was Sie in ihrer Arbeit ausführen wollen. Sollten Sie beim Bibliographieren auf Werke aufmerksam werden, die Ihre Thematik in genau der Weise anfassen, wie Sie es vorhaben, ist unbedingt ein klärendes Gespräch mit dem Betreuer notwendig. Vielleicht führt es zu einer Modifikation der ursprünglichen Themenstellung.

Allgemein zur Benutzung von Bibliotheken, von Allgemein- und Fachbibliographien (Gesamtverzeichnis des deutschsprachigen Schrifttums, Internationale Bibliographie der Zeitschriftenliteratur, Verzeichnis lieferbarer Bücher usw.) sowie zur Literatursuche und -beschaffung siehe SESINK 1994: 57-65 und KRÄMER 1999: 33-57.

Arten von Literatur und Quellen sind:

- Bibliographien
- Nachschlagewerke
- Monographien (eigenständige Bücher mit durchgehender Behandlung eines bestimmten Themas)
- Schriftenreihen, insbesondere Institutsreihen
- Fachzeitschriften
- Sammelbände (mehr oder weniger verbundene Einzelbeiträge zu einem Rahmenthema oder von einem bzw. für einen bestimmten Anlaß)
- Statistiken
- Zeitungen
- sog. „graue" Literatur und
- das Internet

Besonders wertvoll ist bei der bibliographischen Recherche oft die Aufnahme sog. „grauer" Literatur. Dies ist eine Sammelbezeichnung für Schriften, die nicht über den Buchhandel oder andere Verkaufsformen erhältlich ist. Oft handelt es sich um interne Papiere einzelner Behörden und Institutionen, die teilweise vertraulichen Charakter besitzen und mit denen in dem Falle sensibel umgegangen werden muß. Auch hier ist eine sorgfältige Titelaufnahme erforderlich.

Ein Teil der Recherche wird heute über das Internet ermöglicht. Dort erhalten Sie Zugang zu den Katalogen einiger großer Bibliotheken, vielleicht auch den Hinweis auf bibliographische Arbeiten, die an anderer Stelle erfolgten. Nutzen Sie auch diese Informationsquelle. Aber seien Sie vorsichtig beim Verwenden und Zitieren von Internet-Informationen (s.u.). Speziell zum Recherchieren mittels EDV, d.h. über elektronische Datenbanken sowie den Einsatz von CD-Rom-Archiven, Btx und Internet finden Sie etwas ältere Hinweise in KRÄMER 1995: 45-61, neuere speziell für die Geographie bei OTT/THIEDEMANN 1998. Außerdem bieten die Internetseiten zahlreicher Institut *links* zu anderen *sites* im Internet an, die den jeweiligen Forschungsschwerpunkten entsprechen.

Auch statistische Daten, Fakten und Grundlagenzahlen müssen recherchiert werden. Folgende Hinweise sollen Ihnen den Einstieg in die Suche speziell nach Zahlen, Fakten und Statistiken erleichtern:

*   Erste Grobhinweise und Vergleichszahlen, die aus sehr unterschiedlichen Quellen sekundär zusammengestellt wurden, geben die jährlich erscheinenden Handbücher vom Typ des *Fischer Weltalmanachs*.

*   Eine Vielzahl von Publikationen hilft, Statistiken zu den Staaten der Erde zu erschließen. Zu ihnen gehören etwa das *Statistical Yearbook* und *Demographic Yearbook* der Vereinten Nationen, das *FAO Yearbook* der Food and Agriculture Organization, das *Handbook of International Trade and Development* der UNCTAD (United Nations Conference of Trade and Development), der *World Development Report* der Weltbank, der *Human Development Report* der UNDP (United Nations Development Programme), die Berichte der UNHCR (United Nations High Commissioner for Refugees), die *EIU-Reports* der Economic Intelligence Unit, in knapper Form auch das *CIA Factbook*.

*   Die „Länderberichte" (früher zusätzlich „Länderkurzberichte"), die bis 1997 in einer gewissen Periodizität für jeden Staat der Welt vom Statistischen Bundesamt in Wiesbaden herausgegeben wurden, mußten aus Einspargründen ihr Erscheinen leider einstellen.

*   Das Munzinger Archiv erscheint in regelmäßigen Abständen (Aktualisierung spätestens alle zwei Jahre) mit ausführlichen statistischen Angaben für jeden Staat der Welt (http://www.munzinger.de/).

*   Die *International Data Base* der amerikanischen Volkszählungsbehörde (http://www.census.gov/ipc/www/idbnew.html) bietet umfangreiche Datenban-

ken mit demographischen Indikatoren zu mehr 227 Staaten und Großregionen an.

*   Europabezogene statistische Daten gibt das Statistische Amt der Europäischen Union (*Eurostat*) heraus (http://europa.eu.int/eurostat.html oder http://europa.eu.int/comm/eurostat/).

*   Amtliche Statistiken zu Deutschland und zu einzelnen Bundesländern sind bei den verschiedensten Behörden erhältlich: Das Statistische Bundesamt und die verschiedenen Statistischen Landesämter geben neben den Statistischen Jahrbüchern (für das Bundesgebiet sowie für die Bundesländer) auch eigene Reihen themenbezogener Spezialveröffentlichungen (Fachserien) heraus, die zudem weiter in Unterserien (Reihen) unterteilt sind. Die Veröffentlichungen des Statistischen Bundesamtes werden im „Veröffentlichungsverzeichnis", in Prospekten sowie in den Anhängen der Jahrbücher bekanntgegeben. Gleiches gibt es für die Statistischen Landesämter. Beide bieten inzwischen Teile ihrer Datenbanken auch auf CD-ROM an.

*   Private Statistiken sind von Banken, Handelskammern, Verbänden, Organisationen, Versicherungen, Vereinen, Nicht-Regierungsorganisationen (NGOs), Interessensgemeinschaften verschiedenster Ausrichtung erhältlich.

*   Auch private Forschungs-, Auftrags- und Anwendungsinstitute (z.B. Infas oder Empirica) erheben und unterhalten eigene Datenbanken, die durchaus auch ohne teure Kostenerstattung erhältlich sein können.

*   Relativ teuer sind dagegen die von international tätigen Wirtschaftsunternehmen (DB Research, FAZ) zusammengestellten oder die von der OECD veröffentlichten aktuellen Wirtschaftsinformationen und -analysen.

Hier ist oft weniger die Verfügbarkeit von Daten als solchen, sondern vielmehr die Information über das Vorhandensein welcher Daten bei welcher Stelle wichtig. Eine Vielzahl sehr hilfreicher geographiebezogener Adressen in Deutschland, Österreich und der Schweiz finden sich im jeweils neuesten Geographischen Taschenbuch (EHLERS/DITTMANN 1999: 79-251). Anschriften zur Internationalen Geographie befinden sich im *Orbis Geographicus* 1992/1993.

Wie zitiere ich Literaturangaben richtig?

In unserer Studienzeit gab es Einführungsveranstaltungen, in denen lange Diskussionen darüber geführt wurden, welches Format für Karteikarten am sinnvollsten ist, auf denen Titel für das Literaturverzeichnis notiert werden. Die Meinungen reichten von DIN A7 (klein, praktisch, relativ preisgünstig, leicht zu transportieren und ausreichend für die Titelangaben) bis DIN A4 (ausreichende Größe für inhaltliche Notizen und Exzerpte zusätzlich zu allen anderen Vorteilen, aber relativ teuer). Solche Überlegungen stehen angesichts der Verwendung von Computern heute im Hintergrund. Beim Computer ist jedoch über eine sinnvolle Software nachzudenken: Soll die Aufnahme von Literaturtiteln in einem eigenen Softwareprogramm für Literaturrecherchen (z.B. LIDOS) oder im normalen Textverarbeitungsprogramm oder in Datenbankformaten erfolgen? Diese Entscheidung müssen Sie selbst treffen, abhängig von der Verfügbarkeit technischer Ausstattung und Ihrer Softwarekenntnisse.

Unabhängig davon: Das korrekte Zitieren von Literatur gehört unverändert zu den Kernstücken wissenschaftlichen Arbeitens. Korrektes Zitieren von Literatur ist ein Stück Fachkultur. Allgemeingültige Regeln gibt es nicht, wenn auch jeder „seine" Methode für die richtige halten mag. Eine gewisse Allgemeingültigkeit können in Deutschland allein die im Bibliothekswesen geltenden Regeln (RAK - Regeln für die alphabetische Katalogisierung) für sich beanspruchen; doch sie sind in der Regel für wissenschaftliche Abschlußarbeiten zu aufwendig und auch zu formalistisch.

Die folgenden Vorschläge, die der Einfachheit halber halbabstrakt gehalten werden (Satzzeichen wie im Literaturzitat) lehnen sich an das sog. amerikanische Zitiersystem an (siehe auch SESINK 1994: 67-78, etwas davon abweichend KRÄMER 1999: 184-216).

Monographien (Bücher):
Autor, Vorname (Erscheinungsjahr): Titel des Buches. ggf. Untertitel. Erscheinungsort.
Beispiele:
- Bähr, J. (1997): Bevölkerungsgeographie. Verteilung und Dynamik der Bevölkerung in globaler, nationaler und regionaler Sicht. Stuttgart[3].
- Kuls, W., F.-J. Kemper (2000): Bevölkerungsgeographie. Eine Einführung. Stuttgart[3].

Schriftenreihe (entweder als Monographie oder als Aufsatzsammlung möglich):
als Monographie:
Autor, Vorname (Erscheinungsjahr): Titel des Buches. ggf. Untertitel. Erscheinungsort (= Titel der Reihe Band- oder Heftnummer).
Autor des Aufsatzes, Vorname (Erscheinungsjahr des Sammelbandes): Titel des Aufsatzes. ggf. Untertitel des Aufsatzes. - In: Name des/der Herausgeber(s) des konkreten Bandes der Schriftenreihe, Vorname(n) (Hg.): Titel des Sammelbandes. ggf. Untertitel. Erscheinungsort (= Titel der Reihe Band- oder Heftnummer): Seitenzahlen des Aufsatzes, erste bis letzte Seite.
Bei Zitat eines Einzelaufsatzes aus einem Band einer Schriftenreihe: s.u. bei „Artikel in einem Sammelband".
Beispiele:
- Escher, A. (1991): Sozialgeographische Aspekte raumprägender Entwicklungsprozesse in Berggebieten der Arabischen Republik Syrien. Erlangen (= Erlanger Geographische Arbeiten Sonderband 20).

- Rother, K. (Hg.; 1989): Europäische Ethnien im ländlichen Raum der Neuen Welt. Passau (= Passauer Schriften zur Geographie 7).

Aufsatz in einer wissenschaftlichen Zeitschrift:
Autor, Vorname (Erscheinungsjahr): Titel des Aufsatzes. ggf. Untertitel. - In: Titel der Zeitschrift Bandnummer (ggf. Heftnummer): Seitenzahlen, erste bis letzte Seite.
Beispiele:
- Leidlmair, A. (1989): Grenzen in der Agrarlandschaft des mittleren Alpenraumes und ihr zeitlicher Wandel. - In: Geographische Zeitschrift 77 (1): 22-42.
- Bähr, J. et al. (1997): Der wirtschaftliche Wandel in Kuba: Reform oder Transformation? - In: Geographische Rundschau 49 (11): 624-630.

Nur zur Erinnerung: Denken Sie an den Unterschied zwischen Bandnummer, Heftnummer und Jahrgang sowie Erscheinungsjahr oder Referenzjahr, die nicht immer identisch sind, wenn die Herausgabe einer Zeitschrift sich verzögert. Die Heftnummer ist immer dann obligatorisch, wenn die Hefte eines Jahrgangs keine durchgehende Seitenzählung besitzen. Die gilt z.b. für die *Praxis Geographie*, während die *Geographische Rundschau* (wieder) die Seiten durchzählt.

Artikel in einem Sammelband:
Autor der Artikels, Vorname (Erscheinungsjahr): Titel des Artikels. ggf. Untertitel. - In: Name des/der Herausgeber(s) des konkreten Bandes der Schriftenreihe, Vorname(n) (Hg.): Titel des Sammelbandes. ggf. Untertitel. Erscheinungsort (= Titel der Reihe Band- oder Heftnummer): Seitenzahlen des Artikels, erste bis letzte Seite.
Beispiele:
- Heineberg, H. (1989): Berlin - Stadt zwischen Ost und West. - In: Heyer, R., M. Hommel (Hg.): Stadt und Kulturraum. Peter Schöller zum Gedenken. Paderborn (= Bochumer Geographische Arbeiten 50): 25-47.
- Meyer, G. (1994): Kairo - Entwicklungsprobleme einer orientalischen Megastadt. - In: Gormsen, E., A. Thimm (Hg.): Megastädte in der Dritten Welt. Johannes Gutenberg-Universität Mainz, Mainz (= Interdisziplinärer Arbeitskreis Dritte Welt, Veröffentlichungen 8):167-189.
- Popp, H. (1996): Ziele einer modernen geographischen Landeskunde als gesellschaftsbezogene Aufgabe. - In: Heinritz, G., Sandner, G., R. Wießner (Hg.): Der Weg der deutschen Geographie. Rückblick und Ausblick. Stuttgart (= 50. Deutscher Geographentag Potsdam 2.-5.10.1995: Aufbruch im Osten, umweltverträglich, sozialverträglich, wettbewerbsfähig. Tagungsbericht und wissenschaftliche Abhandlungen 4): 142-150.
- Parnwell, M.J.G. (1996): Geography. - In: Halib, M., T. Huxley (eds.): An Introduction to Southeast Asian Studies. London: 101-147.

Wenn Sie es mögen, dürfen Sie den Autorennamen (nur den Familien-, nicht den Vornamen) gerne in KAPITÄLCHEN setzen, Großbuchstaben (VERSALIEN) wirken dagegen eher klotzig. Und vergessen Sie nicht (obwohl Sie es – leider – vielfach finden werden): Es gibt kein großgeschriebenes „ß" in der lateinischen Schrift; die Änderung entsprechender Familiennamen müssen Sie von Hand vornehmen.

Weitere Hinweise zum Zitieren sind anzuführen:

- Achten Sie unbedingt auf korrekte und einheitliche Interpunktion bei der Abtrennung der einzelnen Teile des Literaturzitats. Das amerikanische Literaturzitat trennt mit Punkten, möglich sind auch Kommata - wichtig ist Einheitlichkeit.
- Bis zu drei Autoren werden mit Namen und (ggf. abgekürzten) Vornamen aufgeführt. Der erstgenannte Autorenvorname wird nachgestellt. Bei mehr als drei Autoren wird nur der erste Autor genannt, anschließend folgt „et al." (= „*et alii*") oder „u.a.", also z.B.:
  - Meier, K., P. Völker, W. Mahler (1995): Titel. ggf. Untertitel. Ort.
  - Müller, F. et al. (1997): Titel. ggf. Untertitel. Ort.
- Bei mehr als einer Auflage wird die Auflagennummer hinter dem Ortsnamen als kleine Zahl hochgestellt (Mainz³, Tübingen²), oder die ausführliche Qualifikation der Auflage wird dem Erscheinungsort vorangestellt (4. überarb. Aufl. Stuttgart; 3. neubearb. u. erw. Aufl. München).
- Bei Seitenangaben (Aufsätzen usw.) müssen immer die erste und letzte Seite eines Aufsatzes (inkl. Literaturangaben) genannt werden (z.B.: 145-167). Das Anfügen von „f." oder „ff." ist unpräzise.
- Fehlt ein Erscheinungsort, wird „o.O." (= „ohne Ort") geschrieben, fehlt ein Erscheinungsjahr, so heißt es „o.J." (= „ohne Jahr"). Falls man das fehlende Erscheinungsjahr in etwa eingrenzen kann (z.B. anhand des Vorworts, mit Hilfe der Daten in Tabellen, anhand von datierter Literatur, anhand politischer Ereignisse usw.), darf „[ca. 1996]" geschrieben werden. Wenn man es ganz genau herausfindet, kann das Datum ohne „ca." geschrieben werden.
- Bei anonymen Schriften gilt der Sachtitel für die alphabetische Einordnung: Titel des Buches. ggf. Untertitel (Erscheinungsjahr). ggf. Schriftenreihe und Bandnummer. Erscheinungsort. Bitte nicht „Anonymus", „o.Verf.", „N.N." oder ähnliches.
  Beispiel:
  Die Stadt als Kultur- und Lebensraum (1991). Sammelband der Vorträge des Studium Generale der Ruprecht-Karls-Universität Heidelberg im Wintersemester 1990/91. Heidelberg.

Liegt eine Herausgeberschaft vor, wird diese gekennzeichnet, bei deutschen Titeln mit „Hg." oder „Hrsg.", bei englischen mit „ed." bzw. „eds.", bei französischen mit „éd.".

- Als Herausgeber können Institutionen auftreten, dann wird die Schrift unter der entsprechenden Körperschaft eingeordnet. Beachten Sie dabei die Behördenhierarchie (Anordnung „von oben nach unten") und den territorialen Bezug, der nicht fehlen darf („Land Baden-Württemberg, Statistisches Landesamt ...").
- Titel und akademische Grade (Prof., Priv.-Doz., Dr.) werden nicht aufgeführt. Adelstitel und sonstige Namensvorsätze (Präfixe) werden im Deutschen als Teil des Vornamens behandelt, es sei denn, sie sind Bestandteil des Nachnamens (De Jong, Peter; Zur Mühlen, Uwe; aber: Goethe, Johann Wolfgang von). In den romanischen Sprachen werden Artikel dem Nachnamen vorangestellt, Präpositionen den Vornamen zugeordnet (Le Grand, Jean; Della Porte, Pierre; aber: Diez, Manuel de). In einigen ost- und südostasiatischen Sprachen werden die Vornamen an erster Stelle

gestellt, weil man die Personen üblicherweise damit anspricht; die (für das Ansprechen weniger bedeutenden) Nachnamen werden ohne Abtrennung durch Komma dann angefügt (Chaiwat Sakornrattanagul). Die Vornamen sind auch ausschlaggebend für die Position im Alphabet. Bei chinesischen Autoren steht (bereits auf dem Titel i.d.R.) der Familienname an erster Stelle, nach dem - nicht durch Komma abgetrennt - die Vornamen folgen. Beispiel: Lo Shui-Hing (Lo ist hier der Familienname).

- Unveröffentlichte Arbeiten (Diplomarbeiten, Dissertationen, Habilitationen usw.) werden mit Angabe der Art der Arbeit, der Universität und des Instituts sowie mittels eines entsprechenden Hinweises gekennzeichnet (unveröffentlichte Diplomarbeit am Geographischen Institut der Universität Bonn; Diss. Geowiss. Fak. Univ. Freiburg). Gleiches gilt für unveröffentlichte Manuskripte (stets erfolgt der Hinweis: unveröffentlichtes Manuskript).

- Bei zentralen Aussagen, die Sie aus brieflichen oder mündlichen Mitteilungen von Behörden, Organisationen oder Schlüsselinformanten zitieren möchten, schreibt man als Quellenangabe: (mündl. Mitt. Behörde, Datum) oder: (briefl. Mitt. Person, Datum).

Daß es darüber hinaus noch viele Ausnahmen und spezielle Schwierigkeiten gibt, sollte Sie nicht entmutigen. Wichtig ist grundsätzlich, daß Sie beim Zitieren von Literatur die zentralen und erforderlichen Angaben aufnehmen und in Ihrer Literaturliste Einheitlichkeit bei der Zitierweise erreichen. Schauen Sie doch zur Orientierung auch in die Literaturverzeichnisse von Aufsätzen in wissenschaftlichen Fachzeitschriften, z.B. in Die Erde, Erdkunde, Geographische Rundschau, Geographische Zeitschrift oder Petermanns Geographische Mitteilungen.

Ihr Literaturverzeichnis gibt bereits viel Aufschluß über Art und Stil Ihres Arbeitens, wie in einem Zitat treffend ausgedrückt ist:

„Das Literaturverzeichnis zeigt sofort, ob der Kandidat oder die Kandidatin sorgfältig oder schlampig recherchiert, ob er oder sie wichtige Referenzen übersehen oder auch aktuelle Forschung einbezogen hat, in Sackgassen oder Nebenstraßen abgedriftet ist, bzw. ganz allgemein, aus welcher Ecke der Wind in einer Arbeit weht." (KRÄMER 1995: 74).

Wieviele Literaturtitel muß eine Abschlußarbeit enthalten? Diese oft gestellte Frage ist verständlich, aber kaum befriedigend zu beantworten: Zum einen sind Quantität und Qualität einer Recherche nicht gegeneinander aufzuwiegen - zentral wichtig ist eine angemessene, sinnvolle Auswahl der Literatur. Berücksichtigt werden müssen wenigstens alle vier oben genannten Felder (inhaltlicher Ansatz, theoretischer Hintergrund, methodisches Vorgehen, Forschungsobjekt und -region), jeweils mit angemessener Literatur. Eine „Literaturarbeit" wird natürlich wesentlich mehr Titel aufführen als eine empirische Studie; allerdings kommt auch diese nicht ohne gründliche Nachweise zu forschungsleitenden Theorien und zur Untersuchungsmethodik aus. Aber: Blähen Sie Ihr Literaturverzeichnis nicht künstlich auf! Sie sollen keine Belesenheit dokumentieren, geschweige denn vortäuschen. Bei einem allzu umfangreichen Literaturverzeichnis, dem offensichtlich zu wenige wirklich eingearbeitete Literaturstellen im Text gegenüberstehen - und das merkt man beim Lesen! -, fordern Sie zu Recht heraus, daß die Gutachter im einzelnen nachprüfen, ob Sie sich tatsächlich mit aller zitierten Literatur auseinandergesetzt haben. Falls nicht, riskieren Sie - ebenfalls zu Recht - etliche Minuspunkte.

Es „nützt aber auch das Aufblasen des Literaturverzeichnisses durch ´Füllzitate´ nichts. Wenn Sie etwa in einer Arbeit über Intelligenz und Umwelt schreiben, die geistige Entwicklung eines Kindes werde entscheidend von letzterer geprägt, und dann zur Rückendeckung zitieren: ´siehe Müller (1927), Meier (1931), Hinz (1960) und Kunz (1971 a)´, so beeindruckt das allein noch niemanden. Ohne weitere Auswertung bleibt das ein hohles Füllzitat, das nur unser Literaturverzeichnis um vier Einträge länger macht. Solche Füllzitate sind billig und bringen nichts. Zitieren Sie nur Literatur, die Sie wirklich auswerten." (KRÄMER 1995: 76/77).

„Ein Umkehrschluß ist zwar nicht zwingend, aber durchaus möglich: Je umfangreicher das Literaturverzeichnis, desto oberflächlicher wurde die angeführte Literatur wohl gelesen. In aller Regel wird der Betreuer Ihrer Arbeit recht genau merken, in welcher Relation der Eindruck, den das Literaturverzeichnis erweckt, zu dem Eindruck steht, den der Inhalt Ihrer Arbeit auf ihn gemacht hat. Besser stehen Sie allemal da, wenn Sie trotz geringer Titelzahl im Literaturverzeichnis eine gehaltvolle Arbeit abgeliefert haben, als wenn Ihr Betreuer schließen muß, daß der Berg an Titeln, die für Sie Ihre Belesenheit ins Feld führen, in keinem Verhältnis steht zur entbundenen geistigen Maus." (SESINK 1994: 118).

Was gehört also ins Literaturverzeichnis? Aufgenommen werden nur diejenigen Titel, die in Ihrer Arbeit auch wirklich berücksichtigt wurden. Sie sollen nicht in erster Linie (wenngleich nachgeordnet auch durchaus) nachweisen, daß Sie in der Lage sind, Literatur zu suchen (oder mittels Rechercheprogrammen suchen zu lassen), sondern daß Sie gezielt ausgewählte Literatur im Sinne Ihrer Fragestellung verarbeiten und sich mit ihr auseinandersetzen können. Statistiken, vor allem dann, wenn Sie in sehr umfangreichem Maße mit ihnen arbeiten, können gegebenenfalls von der Literatur abgetrennt werden (eigenes Verzeichnis der Statistiken); gleiches gilt für Kartengrundlagen.

Und noch eine Warnung: Komfortable Textverarbeitungsprogamme wie WordPerfect, StarWriter, Word oder WinWord verfügen über Sortiermöglichkeiten. Verlassen Sie sich nicht hundertprozentig darauf - eine manuelle Nachbesserung ist immer erforderlich, weil die Sortierung nach dem ASCII-Zeichensatz erfolgt und damit Umlaute falsch einordnet. Die Reihenfolge erfolgt alphabetisch nach dem Familiennamen des ersten Autors; Schriften eines Autoren mit Ko-Autoren folgen nach allen Schriften, die der Autor allein vorgelegt hat. Zitieren Sie mehrere Arbeiten des gleichen Autors aus dem gleichen

Erscheinungsjahr, wird zur Unterscheidung ein kleiner Buchstabe an die Jahreszahl angefügt (z.b. Meier 1995a; Meier 1995b). Bestimmte und unbestimmte Artikel bleiben beim Sortieren der Titel unberücksichtigt (das wissen die Textverarbeitungsprogramm jedoch nicht ...), während Präpositionen am Titelanfang von Sachtiteln voll berücksichtigt werden. Titel, die mit Zahlen beginnen, werden so eingeordnet, als sei die Zahl ausgeschrieben. Auch das kann ein Computer kaum berücksichtigen, erfordert also nachträgliche handwerkliche Kleinarbeit.

Eine Untergliederung des Literaturverzeichnisses - etwa in „allgemeine Werke" und „regionale Literatur" oder gar in „Bücher" und „Artikel" ist wenig sinnvoll. Eine Ausnahme bildet nur die Berücksichtigung von (gedruckten und ungedruckten) Quellen zur Unterscheidung von Sekundärliteratur oder das Anfügen gesonderter Rubriken für Karten, Statistiken, Tages- und Wochenzeitungen (sofern solche in Ihrer Arbeit überhaupt verwendet werden müssen) sowie Internetadressen. Nicht ins Literaturverzeichnis gehören normalerweise allgemeine Nachschlagewerke (Brockhaus ...), allgemeine Taschen- und Handwörterbücher (Langenscheidt ...) und Schulatlanten (Diercke ...).

Außer der Literatur werden Sie im Anhang Ihrer Arbeit noch weitere Informationsquellen anzugeben haben. Dazu gehören etwa bei historisch-geographischen Arbeiten die verwendeten Archivalien (mit Angabe des jeweiligen Archivs und des Fundorts - lassen Sie sich vom zuständigen Archivar an einem Beispiel die Zitierweise erläutern).

Informationen, die Sie dem Internet entnehmen, werden mit der entsprechenden Web-Seite (vollständige Adresse und Datum) nachgewiesen; sinnvoll ist dabei eine kurze Ergänzung, die die Körperschaft bzw. Person sowie ein Stichwort zum Inhalt angibt. Es empfiehlt sich bei Schlüsselinformationen unbedingt ein vollständiger Ausdruck der Quelle (und Beigabe im Anhang), da Internetseiten häufig aktualisiert und verändert werden. Nach einer solchen Änderung könnten Ihre entnommenen Daten sonst nicht mehr belegbar sein.

Weiterführende Hinweise zum Bibliographieren und zur Anlage des Literaturverzeichnisses finden Sie in ECO 1992: 74-108, KRÄMER 1995: 74-77, SESINK 1994: 118-120, STANDOP 1994: 68-89. Ferner befinden sich weitere Hinweise in KRÄMER 1995: 13-26, 44, 143-168; hilfreich sind hier vor allem auch Anleitungen zum Zitieren von Sonderfällen wie Presseartikeln, unveröffentlichten Manuskripten, Gesetzes- und Urteilstexten, audiovisuellem Material, Software, Datenbanken, Briefen usw.

4.2.5 Zitieren im Text

Die Grundregel besagt, daß Sie alle Informationen, die Sie anderen Werken oder Informationsquellen entnehmen, durch Angabe der Quelle so nachweisen müssen, daß der Leser diese Quelle auffinden und Ihre Aussage überprüfen kann. Man zitiert einen Text aus zwei Gründen: a) als Grundlage eigener Interpretation und Deutung, b) als Beleg einer eigenen Aussage.

„Eine zentrale akademische Anstandsregel heißt: ´Gebe niemals Einfälle von anderen als Deine eigenen aus!´ Verstöße gegen diese Regel werden streng geahndet ...; sie zählen zu den Todsünden der Wissenschaft. Nicht umsonst verlangen die meisten Prüfungsordnungen eine Erklärung am Ende einer Arbeit, daß fremde Gedanken als solche deutlich sichtbar sind." (KRÄMER 1995: 143).

In vielen Fällen wird es nicht ausbleiben (und es wird auch gewünscht), daß Sie Textpassagen übernehmen, die Sie anderswo gelesen haben - niemand ist in der Lage, alles neu zu entdecken und zu formulieren, zumal wenn es sich um Grundlagenliteratur handelt. Beim korrekten Zitieren sind zwei Formen zu unterscheiden:

* wörtliche Zitate
* sinngemäße Zitate

Bei *wörtlichen Zitaten* werden Text- (oder auch Interview-)passagen absolut unverändert und wortgetreu übernommen und müssen, damit sie exakt nachprüfbar sind, mit genauer Seitenzahl belegt werden.

„Die *Nachprüfbarkeit* aller Aussagen, die Sie machen, ist ein ganz entscheidendes formales Kriterium für die Wissenschaftlichkeit Ihres Textes. Sie zu fordern, ist nicht bloß Konvention, und sich entsprechend zu verhalten, nicht bloß ´gutes Benehmen´ im Wissenschaftsbetrieb. Es hängt vielmehr eng zusammen mit der für Wissenschaft wesentlichen sozialen Qualität des Bemühens um Erkenntnis. In der Wissenschaft geht es eben nicht um die Suche nach nur individueller Wahrheit (die es sicher auch gibt, die aber nicht Angelegenheit der Wissenschaft ist), sondern um die Suche nach dem, was allgemeine Wahrheit ... sein kann. Und genau dafür, daß dies möglich wird, braucht man die Überprüfbarkeit der Aussagen, wenn die als wissenschaftlich gelten können sollen." (SESINK 1994: 195, Hervorhebung im Original).

„Zitieren ist wie in einem Prozeß etwas unter Beweis stellen. Ihr müßt die Zeugen immer beibringen und den Nachweis erbringen können, daß sie glaubwürdig sind. Darum muß die Verweisung *ganz genau* sein ... und sie muß von jedermann *kontrolliert* werden können." (ECO 1992: 204, Hervorhebungen im Original).

„Die Zitate müssen *wortgetreu* sein. Erstens muß der Text Wort für Wort so übernommen werden, wie er dasteht (und es ist darum gut, nach dem Schreiben die Zitate anhand des Originals nochmals zu kontrollieren, weil sich beim Abschreiben mit der Hand oder mit der Maschine Fehler oder Auslassungen eingeschlichen haben können). Zweitens dürfen keine Textstellen ausgelassen werden, ohne daß dies angezeigt wird. *Angezeigt* wird dies durch drei Punkte an der Stelle der Auslassung. Drittens darf man nichts einfügen, und jede eigene Stellungnahme, jede Klarstellung, jede Verdeutlichung muß in eckigen (oder in runden - mit „d.V.-Kennzeichnung" für „der Verfasser", d.V.) Klammern erscheinen. Auch Unterstreichungen, die nicht vom Autor, sondern von uns stammen, müssen als solche gekennzeichnet werden." (ECO 1992: 202-203, Hervorhebungen im Original).

Bei *sinngemäßen Zitaten* wird die hinzugezogene Quelle nicht wörtlich, sondern sinngemäß übernommen, möglichst unter Wahrung größtmöglicher Authentizität und Intention des Autors zusammenfassend dargestellt. Auch in einem solchen Fall ist die Quelle genau anzugeben. Zum sinngemäßen Zitat, der Paraphrase, siehe ECO 1992: 206-210.

„´Quellenangabe´ meint also ... mehr als bloßes (wörtliches, d.V.) Zitieren. Bei allem, was Sie in einem wissenschaftlichen Werk an Tatsachenbehauptungen von sich geben (und auch die Wiedergabe einer wissenschaftlichen Position behauptet eine Tatsache; die Tatsache nämlich, daß der und der Autor das und das - wörtlich oder sinngemäß - gesagt habe) und was nicht wirklich zum Allgemeingut jedes halbwegs mit Lebenserfahrung ausgestatteten und gebildeten Bürgers gehört, müssen Sie angeben, woher Sie es haben. Denn nur das, was vor seinen Augen (beziehungsweise in seinem nach-denkenden Geiste) in Ihrer Arbeit selbst entsteht (die Verknüpfung verschiedener Tatsachen miteinander zu einem gedanklichen Zusammenhang, Schlußfolgerungen aus bestimmten Feststellungen, die Analyse von wissenschaftlichen Positionen), kann der Leser wirklich allein aus Ihrem Text heraus nachvollziehen." (SESINK 1994: 105).

Fremdsprachige Texte als wörtliches Zitat sind in der Originalsprache zu zitieren; englisch- und französischsprachige Zitate müssen nicht, anderssprachige Texte hingegen sollten unbedingt zusätzlich ins Deutsche übersetzt werden.

In den meisten Fällen genügt es, den Nachweis mit Mindestangaben in Klammern Ihrer Aussage anzufügen, wenn Sie sinngemäß zitieren, was der Normalfall sein dürfte (Beispiel: Meier 1997: 54). Wörtliche Zitate (durch Anführungszeichen als solche zu kennzeichnen) sollten sich auf Kernaussagen oder erforderliche Quellenbelege beschränken. In einer wissenschaftshistorischen oder -theoretischen Arbeit werden sie sicher einen größeren Umfang einnehmen als in einer normalen empirischen Studie.

Immer noch gilt bei Zitaten die alte Regel „*ad fontes*", d.h. zu den Originalarbeiten, die Sie zitieren möchten. In einzelnen Fällen kann dies fast unmöglich sein, wenn ein Artikel in einer sehr entlegenen Zeitschrift erschienen ist und in einem anderen Werk mit Quellenangabe zitiert wird. Dann sollten Sie die - von Ihnen nicht eingesehene - Originalarbeit zitieren und hinzufügen „zitiert nach ..." mit Angabe der Sekundärquelle.

„*Zusammenfassungen durch andere Autoren, auch wenn sie noch so ausführliche Zitate enthalten, sind keine Quelle:* sie sind allenfalls Quellen aus zweiter Hand." (ECO 1992: 70; Hervorhebungen im Original).

Bei Werken, die in mehreren Auflagen erschienen sind, sollte nach der jüngsten, neuesten Auflage zitiert werden, weil dort auch ein aktuellerer Erkenntnisstand erwartet werden darf – es sei denn, Sie wollten durch das Zitat aus einer älteren Auflage gerade auf die Entwicklung der fachlichen Behandlung eines Problems aufmerksam machen (was eher selten der Fall sein dürfte). Gerade Handbuchliteratur erlebt häufig zahlreiche Auflagen, die meist nach dem veränderten Erkenntnisstand überarbeitet wurden.

Zitieren ist sicher auch eine Gratwanderung: Einerseits ist selbstverständlich alles, was Sie an Informationen, Fakten, Aussagen und Materialien direkt wissenschaftlichen und wichtigen Werken und Unterlagen entnommen haben, entsprechend zu belegen. Andererseits sollte die Notwendigkeit zu belegen auch nicht übertrieben werden: Nicht jeder (z.B. eher dem Allgemeinwissen oder dem Grundwissen einer Disziplin zuzurechnende) Gedanke, der etwa anläßlich einer Vorlesung, in einem Seminar oder auf einer Tagung genannt wurde, muß peinlich genau belegt werden. Am besten halten Sie sich an diese Empfehlung:

„Sie **müssen** immer dann die Quelle angeben,

- wenn es sich um Erkenntnisse handelt, zu denen Sie selber durch bloße Anstrengung des Geistes nicht hätten gelangen können, Erkenntnisse zum Beispiel, die durch Feldforschung, Laborexperimente, empirische Untersuchungen ermöglicht worden sind;
- wenn es sich um grundlegende methodische, wissenschaftstheoretische, philosophische Annahmen handelt, auf denen Ihre eigenen Gedanken aufbauen, ohne daß Sie dieses Fundament selbst gelegt haben.

Sie **sollten** die Quelle außerdem angeben,

- wenn Sie Gedanken wiedergeben, die Sie zwar überzeugend finden, die aber noch nicht zum festen Bestandteil Ihres eigenen Denkens geworden sind;
- wenn Sie die Aufmerksamkeit des Lesers auf einen unbekannten oder (zu) wenig bekannten Autor leiten wollen;
- wenn Sie Ihre Dankbarkeit dafür zum Ausdruck bringen wollen, daß Sie von jemandem etwas Bedeutsames gelernt haben." (SESINK 1994: 107, Hervorhebungen im Original).

„Versuchen Sie ... ohne ... (entlegene, d.V.) Quellen auszukommen. Wenn Sie also schreiben: 'Das Bruttosozialprodukt von Zaire betrug 1990 kaum 28 Milliarden Mark', so nennen Sie als Quelle besser keine unveröffentlichte Diplomarbeit, wie gut Sie (sic!) Ihnen auch gefällt." (KRÄMER 1995: 143).

Wenn Sie zitieren, sollte alles, was Sie aufschreiben, besonders sorgfältig geprüft und Korrektur gelesen werden - alles sollte von Beginn an so überprüft werden, als sei es „endgültig". Verschieben Sie das Korrekturlesen oder das Notieren der genauen Quelle mit Seitenzahl grundsätzlich keinesfalls auf einen späteren Zeitpunkt, denn dies bedeutet unverhältnismäßig mehr Aufwand; vielleicht steht Ihnen Ihre Quelle auch dann nicht mehr zur Verfügung. Im einzelnen kann zur Technik und zum Vorgehen beim Zitieren - inkl. dem gekennzeichneten Auslassen oder Verändern von Teilpassagen innerhalb wörtlicher Zitate sowie inkl. der Kennzeichnung von Hervorhebungen und Fehlern - auf einschlägige Fachliteratur zurückgegriffen werden: ECO 1992: 196-210, KRÄMER 1995: 143-151, SESINK 1994: 108-112, STANDOP 1994: 35-51. Was ist überhaupt zitier„fähig"? Konversationslexika gelten gemeinhin, da sie nur Grundinformationen enthalten, nicht als zitierfähig; auch ist es nicht erforderlich, daß Sie den Schulatlas aufführen, dem Sie topographische Grundinformationen entnehmen. Auch Einführungsliteratur für das Grundstudium eignet sich häufig für die Abschlußarbeit nicht als Informationsnachweis, wenn es sich überwiegend um Aufbereitungen von sekundären und tertiären Informationen, nicht um die Darstellung eigener Forschungsergebnisse handelt. Ein knapp gehaltenes Lehrbuch für das Grundstudium kann kaum Aussagen für einen sehr speziellen Untersuchungsfall liefern. Es ist, als wollten Sie aus einem schon – notgedrungenermaßen – sehr guten Bild einen kleinen Ausschnitt herausvergrößern.

„Als Quellen nicht zitierfähig sind ferner die meisten Tageszeitungen ('BILD', 'Steinhuder Meerblick', 'Abendpost-Nachtausgabe' etc.) und andere Publikumszeitschriften wie 'Hörzu', 'Brigitte' oder 'Stern'. Fassen Sie Informationen aus solchen Quellen nur mit der Feuerzange an. Auch wenn unsere Presse nicht mit Absicht lügt, so versteht sie doch unter Seriosität etwas anderes als die Wissenschaft. An der Vertrauensgrenze liegen dabei Publikationen wie ... 'Handelsblatt' und 'FAZ'." (KRÄMER 1995: 144).

Allerdings ist damit nicht gemeint, daß nicht auch Zeitungsartikel in eine Textanalyse für bestimmte Themen (z.B. Raumwahrnehmung; lokalpolitische Vorgänge) einbezogen werden können - und dann müssen sie selbstverständlich als Quelle zitiert werden. Schließlich: Zitieren - auch nicht von selbst erhobenen Interviewpassagen - ist kein Ersatz für eigene Diskussion und Argumentation! Das bloße Zitat oder der Verweis etwa auf eine noch so anerkannte (Fach-)Autorität allein enthebt Sie nicht der Einbindung des fremden Gedankens in Ihre eigenen Gedankengänge, er entbindet Sie nicht von zusätzlicher eigener Reflexion. Damit verbieten sich in der Regel größere Passagen, die nur aus aneinandergereihten Zitaten bestehen, denn den Zusammenhang zwischen den Einzelaussagen sollen und wollen Sie ja gerade herausarbeiten und auch ansprechen.

4.2.6 Anmerkungen: Fuß- und Endnoten, Exkurse

Unter Anmerkungen sind alle Textzusätze innerhalb des laufenden Textes zu verstehen; sie umfassen in Klammern beigegebene Quellenangaben ebenso wie Fuß- oder Endnoten und eingeschobene (kürzere) Exkurse. Typische Anmerkungen sind z.b.:

- Quellenhinweise von (wörtlichen oder sinngemäßen) Zitaten
- Hinweise auf weiterführende Literatur
- Hinweise auf andere, evtl. gegensätzliche Positionen, Ergebnisse und Darstellungen, sofern sie nicht eigens im Text ausgeführt werden
- für den laufenden Text nachrangige, aber eben doch nicht unwichtige Einzelinformationen und (Kurz-)Kommentare
- Hinweise auf zusätzliche Daten-, Karten- und Abbildungsinformationen
- kommentierende Anmerkungen zu methodisch-technischen Verfahren, soweit sie nicht unmittelbar im laufenden Text behandelt werden sollen, sowie
- Seitengedanken, die nur kurz angerissen, aber nicht weiter ausgeführt werden, da sie vom Rahmen Ihrer Arbeit wegführen

Fuß- oder Endnoten gehören in vielen, vor allem geistes- und kulturwissenschaftlichen Disziplinen zum festen Bestandteil wissenschaftlicher Arbeit und werden teilweise sogar dann verwendet, wenn es inhaltlich vielleicht nicht zwingend erforderlich wäre, damit ein Text wissenschaftlich satisfaktionsfähig ist. In der Geographie wird üblicherweise eher deutlich zurückhaltend mit Fuß- und Endnoten verfahren. Nach dem sog. amerikanischen Zitiersystem, dem Kurzbeleg, werden im laufenden Text als Quellenangaben Autornachname und Jahreszahl, bei Zitaten zudem Seitenzahlen (KRÄMER 1995: 149 oder: KRÄMER 1995, S. 149) aufgeführt.

„'In vielen Fächern (und in der letzten Zeit in immer zunehmendem Maße) verwendet man ein System, das es ermöglicht, auf alle Anmerkungen für bibliographische Angaben zu verzichten' (ECO, 1989, S. 218)" (zitiert nach: KRÄMER 1995: 149).

Exkurse sind letztlich wenig anderes als längere Anmerkungen, die in den Rang des laufenden Textes gehoben werden, den Textfluß aber unterbrechen, weshalb sie als ihn unterbrechende Exkurse gekennzeichnet werden. Eine gewisse Vorsicht ihnen gegenüber ist jedoch geboten; denn Exkurse dürfen nicht zu zahlreich, nicht zu umfangreich und auch nicht zu nebensächlich sein, weil sie sonst allzu sehr vom Textfluß wegführen. Ferner haftet ihnen oft der Charakter einer gewissen Verlegenheits- oder Notlösung an, weil dieser Text möglicherweise nicht in den gesamten Gedankengang der Arbeit einzubinden war.

Wenn ein Exkurs unumgänglich erscheint, ist es wichtig, den Zusammenhang zum Text deutlich zu unterstreichen sowie Anfang und Ende des Exkurses erkennbar zu machen.

Weitere Hinweise zur Nutzung von Anmerkungen, Fuß- und Endnoten sowie Exkursen finden sich in ECO 1992: 210-224, KRÄMER 1995: 77-79, SESINK 1994: 113-116 und STANDOP 1994: 52-67.

4.2.7 Sprache: Fachterminologie, Formulierungen

An wen wendet man sich mit der Arbeit eigentlich? An den Betreuer, an die Fachöffentlichkeit, an den potentiellen Nutzer der Ergebnisse? Es ist wichtig, diese Frage zu stellen, und es ist erforderlich, die Antwort zu geben, da sie Sprachstil und Maß der Verständlichkeit vorzeichnet.

Es versteht sich von selbst, daß Sie in Ihrer Abschlußarbeit zeigen sollen, daß Sie die Fachterminologie beherrschen. Die Kulturgeographie gehört glücklicherweise zu denjenigen Fächern, die zwar über eine umfangreiche Fachterminologie verfügen, die aber dennoch verständlich geblieben sind. Es gibt nur wenige Versuche eigenständiger „Kunstsprachen", die sich jedoch meist nicht allgemein durchgesetzt haben. Dies ist in der Physischen Geographie zum Teil etwas anders; aber auch dort entstammen ausgeprägte Fachterminologien häufig den Nachbardisziplinen. Die Fachterminologie ist wie ein Code, der es Ihnen erlaubt, sich exakt und verständlich auszudrücken, ohne bei jeder Aussage „das Rad neu erfinden" zu müssen. Der Gebrauch der Fachsprache trägt auch dazu bei, unnötige Längen bei der Abschlußarbeit zu vermeiden.

„Einen Irrtum gilt es von vorneherein auszuräumen. Viele glauben, ein allgemeinverständlicher Text, in dem die Dinge so erklärt sind, daß alle sie verstehen, stelle geringere Anforderungen an die Ausdrucksfähigkeit als eine spezialisierte wissenschaftliche Untersuchung, bei der alles in Formeln ausgedrückt ist, die nur wenige Eingeweihte verstehen. Das stimmt in keiner Weise." (ECO 1992: 183).

Die Abschlußarbeit wendet sich infolge ihres Zwecks zweifellos zunächst an Gutachter und Zweitgutachter; sie sollte aber darüber hinaus mit dem Anspruch geschrieben werden, daß sie von vielen Fachkollegen im weitesten Sinn sowie auch einer gebildeten Allgemeinheit gelesen werden kann. Daraus ergeben sich mehrere Forderungen:

- Ihre Abschlußarbeit ist auf anspruchsvollem Niveau allgemeinverständlich und unter angemessener Berücksichtigung der einschlägigen Fachterminologie zu schreiben.

- Zentrale Schlüsselbegriffe Ihrer Arbeit müssen klar definiert werden.

• Schreiben Sie in klarem verständlichen Deutsch, nicht in aufgesetzter, vermeintlich „wissenschaftlicher", eigentlich aber geschwollen-abgehobener Pseudo-Fachsprache.

Die äußere Form der Abschlußarbeit ist die eines fortlaufenden, gegliederten Textes. Selbstverständlich sind dabei auch einmal Aufzählungen möglich, wenn man verschiedene Aspekte eines Phänomens zunächst aufzeigen möchte, doch ist eine bloße Stichwortsammlung noch keine Abschlußarbeit. Diese Schriftform bedingt, daß die Regeln der Satzlogik eingehalten werden müssen, wie Sie es im Deutschunterricht am Gymnasium (hoffentlich) gelernt haben. Eine übertrieben prätentiöse Diktion ist ebenso überflüssig wie eine Aneinanderreihung kurzer Aussagesätze, die jeweils nur aus Subjekt, Prädikat und Objekt bestehen. Die Aufforderung bei KRÄMER (1999: 140), kurze Wörter zu verwenden und knappe Sätze zu bilden, darf nicht mißverstanden werden: Zwischen prägnanter Kürze und zu großer Schlichtheit bestehen erhebliche Unterschiede. Denken Sie ruhig an Nietzsche: Den Stil verbessern - das heißt den Gedanken verbessern, und gar nichts weiter.

Vor allem die Umsetzung und Interpretation von Daten qualitativer Sozialforschung, d.h. zumeist die Ergebnisse von längeren Interviews, erfordern eine klare Gedankenführung - und dies heißt letztlich: ein klares theoretisches Konzept. Zwar dürfen und sollen auch wörtliche Zitate aus einem Gespräch verwendet werden, doch besteht jedes Gespräch zunächst einmal aus einer Vielzahl ungeordneter Aussagen. Selbst wenn Sie mit einem Leitfaden arbeiten, dürfen Sie nicht den Gesprächsmitschnitt unmittelbar als „Text" für Ihre Arbeit auffassen; das Umformen ungeordneter Gesprächsnotizen zu der Darstellung eines Sachverhaltes vor dem Hintergrund theoretischer Überlegungen ist eine der Hauptaufgaben, die sich mit der Verwendung der Techniken der qualitativen Sozialforschung verbinden.

Hilfreiche Hinweise zum Schreiben und Überarbeiten Ihres Textes gibt KRÄMER 1995: 169-172. Sehr nützliche Zusammenstellungen der häufigsten Schreib- und Stilfehler sowie hilfreicher praktischer Hinweise zur Verbesserung des Schreibstils finden sich in ECO 1992: 186-196, KRÄMER 1995: 106-125 (inkl. mehrerer anschaulicher Beispiele und einer Vielzahl weiterführender Titel) und STANDOP 1994: 164-190. Diese Hilfen sollte man sich unbedingt zu eigen machen, in Erinnerung rufen oder vielleicht auch erstmals wirklich beherzigen.

4.2.8 Formales: Gestaltung, Orthographie, Zeichensetzung

Zur Schriftgestaltung war bereits gesagt worden, daß bei zahlreichen Arbeiten eine von den meisten Textverarbeitungsprogrammen angebotene Proportionalschrift Verwendung findet (dazu Kap. 4.2.3).

Hinweise zur Verwendung von Zahlen und Maßeinheiten, physikalischen Einheiten, Formeln, Symbolen und Gleichungen in kompakt-übersichtlicher Weise stehen in KRÄMER 1995: 126-135.

Ob der Ausdruck einseitig zu erfolgen hat oder ob Vorder- und Rückseite zum Einsparen von Papier bedruckt werden dürfen, ist teilweise in den entsprechenden Prüfungsordnungen geregelt. Fragen Sie sonst den Betreuer. Ein einseitiger Ausdruck ermöglicht eine gründlichere Lektüre und Korrektur der Arbeit durch die Gutachter, wenn die Rückseite noch Platz für Zusatzbemerkungen und Kommentare bietet. Vor allem müssen Sie bei doppelseitigem Ausdruck darauf achten, daß sich die Ränder jeweils auf der richtigen Seite befinden. Durch das Heften der Arbeit geht ein schmaler Streifen verloren, was bei Abbildungen bedacht werden muß, die den Satzspiegel nicht einhalten.

Abbildungen, Bilder und Tabellen sollten im Normalfall in den Text eingebunden und nicht in den Anhang verbannt werden, wo sie leicht unbeachtet bleiben. Nur bei größeren Karten empfiehlt sich die Anbringung einer Kartenlasche im Rückdeckel oder sogar die Beifügung einer separaten Kartenmappe. Bisweilen ist bei Diplomarbeiten auch die Beigabe einer separaten Kartenrolle mit ungefalteten Kartenoriginalen sinnvoll und möglich. Beachten Sie dabei aber auch, daß eine nicht zu komplizierte Handhabung der Karten gewährleistet sein sollte.

Orthographie (Rechtschreibung) und Zeichensetzung werden leider immer weniger solide beherrscht. Das ändert nichts daran, daß Sie zumindest bei Ihrer Diplomarbeit ein einwandfrei korrigiertes Exemplar abzugeben haben. Wenn Sie nicht sicher sind, ob ein erweiterter Infinitiv mit „zu" durch Komma vom übergeordneten Satz abgetrennt wird, schauen Sie doch in einer Grammatik nach! Dort sind auch die Regeln zur Silbentrennung sowie zur Klein- und Großschreibung zu finden. Der entschuldigende Hinweis auf die „neue Rechtschreibung" greift derzeit noch nicht, und meistens sind die Fehler ohnehin durch die neuen Regeln nicht abgedeckt! Auch wenn Formalfehler, Orthographie und Rechtschreibung sicher nicht allein dazu führen, daß eine Arbeit als unzureichend bewertet wird, spielt das Formale doch eine nicht unerhebliche Rolle in der Beurteilung Ihrer wissenschaftlichen Leistung. Denn wenn ein Kandidat schon bei der simplen Rechtschreibung und Zeichensetzung schludrig arbeitet, dann drängt sich leicht der Schluß bzw. Verdacht auf, daß auch ansonsten mit Daten und Quellen nicht akribisch und penibel genug umgegangen wird, - meistens übrigens leider zu Recht. Und auf jeden Fall können Sie durch eine formal ordentliche Arbeit bereits „Pluspunkte" sammeln.

Dies ist ein absolutes Muß: Ihre Arbeit muß (mindestens) zwei- bis dreimal sehr konzentriert Korrektur gelesen werden - nachdem sie fertiggestellt ist. Einmal können Sie das (falls Sie Ihre eigenen Texte überhaupt wirklich Korrektur lesen können, was deshalb nicht leicht ist, weil man seine Formulierungen irgendwann fast auswendig kennt und dann zum flüchtigen, inhaltsorientierten Überlesen neigt) selbst übernehmen, wenigstens einmal muß allerdings auch eine andere Person sehr kritisch und zuverlässig Korrektur lesen. Dies bringt noch einen weiteren Vorteil mit sich: Wenn die andere Person der Geographie ferner steht, werden Sie sicher auch auf Formulierungen hingewiesen, die in unverständlichem Fachkauderwelsch abgefaßt sind. Solche Hinweise und Hilfen sind übrigens völlig legal und beeinträchtigen nicht Ihre Urheberschaft, die Sie in der Erklärung bestätigen müssen.

4.2.9 Knecht (oder Magd) Computer

Vorweg: Der Computer ist ein Werkzeug, keine Denkmaschine oder „think tank", den man nur anzapfen muß, um eine gute Abschlußarbeit zu verfassen. Gedanken entstehen außerhalb des Computers. Daher gilt auch heute noch: Erst eine gedankliche Grobskizze eines zu schreibenden Absatzes auf dem Papier von Hand entwerfen (Stichworte, Aufeinanderfolge einzelner Teilgedanken, inhaltliche Verknüpfungen), dann den Computer einschalten und den Text eintippen. Natürlich können Sie ohne ein ausführliches Konzept direkt in den Computer schreiben, aber vergessen Sie dabei nicht, daß ein Text (ohne eine Textstruktur) auf dem Papier besser zu überblicken (und optisch gegliedert zu merken) ist als ein kurzer auf Bildschirmgröße reduzierter Textabschnitt.

Die meisten Arbeiten, die man als Betreuer oder Prüfer heute erhält, zeichnen sich durch ein ansprechendes äußeres Schriftbild aus. Aufwendige Formatierungen mit der dem Buchdruck entsprechenden Schrifttype „Times Roman" und Zeilenausgleich sind an die Stelle von Überkleben, nachträglichen Einfügungen zwischen den Zeilen oder gar handschriftlichen Korrekturen getreten. Doch Vorsicht ist geboten. Der Computer führt nur Ihre Befehle aus. Warnungen bei zu Fehlern führenden Befehlen gibt er selten von sich. Auch die modernen Textverarbeitungsprogramme mit umfangreichem Thesaurus und Trennungsautomatik sind nicht in der Lage, alle Fehler zu vermeiden. Der Thesaurus kennt normalerweise nur den „Normalwortschatz" und muß erst um die Fachterminologie erweitert werden. Und die Zeichensetzung beherrscht der Computer überhaupt nicht - hier sind Ihre Kenntnisse gefragt. Vertrauen ist gut, (eigene und vielleicht auch fremde) Kontrolle ist notwendig.

Eine unangenehme Eigenschaft haben auch die modernsten Computer: Sie „stürzen ab". Und das meist ausgerechnet dann, wenn man einen Datenverlust absolut nicht verkraften kann. Stellen Sie sich vor: Zwei Tage vor Abgabetermin alles weg - das ist nicht nur einfach ärgerlich. Hier sind Vorbeugestrategien erforderlich. Sie beginnen mit einem gründlichen Einarbeiten in die Funktionsweise des Programmes, mit dem Sie schreiben wollen. Aber Abstürze können sich auch aus plötzlich (und unpassend) auftretenden Defekten in der Hardware ergeben. Daher führen die Vorbeugestrategien weiter zu einer umfassenden „Sicherungspolitik":

- während der Arbeit am PC automatische Sicherung auf der Festplatte im Abstand von 10 Minuten
- sorgfältige Überprüfung aller verwendeten Disketten auf Viren
- nach jedem Arbeitsblock, mindestens aber täglich, eine Sicherung auf Diskette
- wenigstens wöchentlich eine zusätzliche Sicherung auf eine weitere Diskette
- räumliche Auslagerung einer Sicherungsdiskette

Verluste von Gedanken sind auch damit nicht auszuschließen, aber sie lassen sich minimieren.

Und wenn es doch zum Absturz gekommen ist? Die meisten Computer verlieren heute nur noch einen geringen Teil der Daten, sofern nicht ein zerstörerischer Virus tätig war oder Sie völlig unkontrolliert auf den Absturz reagieren. Es gibt inzwischen Unternehmen, die sich darauf spezialisiert haben, defekten Festplatten zumindest teilweise noch Daten zu entreißen - Sie sollten in einem solchen Fall nicht allzu viele eigene Versuche einer Rettung der Festplatte unternehmen, sondern Fachleute damit betrauen.

Vorsicht vor Computerviren sei dringend angeraten. Prüfen Sie Fremddisketten auf Viren, ehe Sie damit an Ihren Computer gehen. Und denken Sie daran, daß leider auch PC-Pools wahre Brutstätten für die unheimlichen virtuellen Kleinstlebewesen darstellen.

Ausführliche Hinweise zu den Möglichkeiten und Grenzen des Einsatzes von Computern als Hilfsmittel bei wissenschaftlichem Arbeiten sowie als Werkzeug für die Erstellung Ihrer Abschlußarbeit (Automatisierungsroutinen, Nutzung von „Spell Checkers", Layoutregeln, Desktop-Publishing-Hinweise und Musterseiten der Gestaltung) finden Sie in ECO 1992: 231-257, KRÄMER 1995: 8-12, 173-181, SESINK 1994: 148-202, 205-278, STANDOP 1994: 120-133, 148-157 sowie in den Handbüchern Ihrer Softwareprogramme.

4.3 Die Grundelemente der Abschlußarbeit

Unabhängig von der konkreten Gliederung der Abschlußarbeit, die im einzelnen von ihren inhaltlichen Schwerpunkten, von ihrem unterschiedlichen Anteil von Theorie, Methode und Empirie sowie von Ihrer (zu begründenden) Vorgehensweise abhängen kann, müssen und sollten einige Grundelemente in ihr enthalten sein. Für ihre Reihenfolge gibt es sinnvolle Empfehlungen, aber keine unbedingten Regeln. Zu unterscheiden sind inhaltliche und formale Elemente.

Zu den inhaltlichen Grundelementen gehören u.a.: Thema, Titel, Gliederung, Vorwort, Einleitung, Hauptteil, Definitionen zentraler Begriffe, theoretischer Rahmen, Anmerkungen zu Material und Methode, räumliche Einordnung der Untersuchung, Darlegung eigener empirischer Befunde, Auswertung, Deutung, Beurteilung, Diskussion von (eigenen und fremden) Befunden, Zusammenfassung der wichtigsten Ergebnisse, vielleicht sogar ein Anhang mit Frage- und Erhebungsbögen, Kartierungen, umfangreicheren Tabellen, Quellenauszügen u.ä.

Zu den formalen Elementen gehören u.a.: Titelblatt, Erklärung, Inhaltsverzeichnis, Überschriften, Zitate, Quellenangaben, Fußnoten, Anmerkungen, Exkurse, Register, Verzeichnisse (Literatur-, Abbildungs-, Tabellen-, Interview-, Foto-, Internetadressen-, Abkürzungsverzeichnis), Glossar, Anhang/Anhänge, Schriftgestaltung und -bild, Layout der gesamten Arbeit sowie von Abbildungen, Karten, Diagrammen, Tabellen usw., Orthographie und Zeichensetzung.

Auf einzelne inhaltliche und formale Grundelemente wird im folgenden in gewisser Tiefe, nicht jedoch erschöpfend eingegangen.

4.3.1 Titelblatt

Wenn die Prüfungsordnung regelt, wie das Titelblatt auszusehen hat, wie es üblicherweise bei Universitätsschriften der Fall ist, sind diese Bestimmungen

Geographisches Institut der
Rheinischen Friedrich-Wilhelms-Universität Bonn

Industrial Estates in Malaysia

Konzept, räumliche Analyse und Bewertung
industriepolitischer Dezentralisierungsstrategien
seit Mitte der 1980er Jahre

Diplomarbeit

vorgelegt von
Tanja Bergmann

betreut durch
Priv.-Doz. Dr. Victoria Beispiel

Bonn, im April 2000

einzuhalten. Fragen Sie im Prüfungsamt danach oder schauen Sie sich die An-
lagen zur Prüfungsordnung an. Besteht keine entsprechende Regelung, werden
folgende Mindestangaben erwartet (siehe Beispielstitelblatt):

* Universität und Institut
* Titel der Arbeit
* Art der Arbeit („Als wissenschaftliche Hausarbeit...")
* Verfasser der Arbeit („vorgelegt von...")
* Betreuer der Arbeit sowie
* Ort und Jahr.

Bisweilen wird zusätzlich die Adresse des Kandidaten angeführt, was insofern
nicht unsinnig ist, als der Zugang zu dieser Arbeit eigentlich die Einwilligung
des Autors und des Erstgutachters voraussetzt. Der Betreuer darf aber durchaus der Einsichtnahme von sich aus zustimmen, wenn gewährleistet ist, daß
keine wesentlichen Inhalte kopiert und für eigene Zwecke des Einsichtneh-
menden verwendet werden.

4.3.2 Vorwort; Persönliches

Das Vorwort (nicht zu verwechseln mit der Einleitung, denn es ist der Arbeit
vorangestellt, d.h. es muß nicht zu ihr hinleiten) wird in der Regel vor das Inhaltsverzeichnis gesetzt. Ein kurzes Vorwort (eine halbe bis eine Seite) kann
auch Vorbemerkung genannt werden.

Wenn Sie ein Vorwort schreiben möchten - und dafür gibt es genauso gute
und berechtigte Gründe wie dafür, bewußt keines schreiben zu wollen -, dann
gelten zwei Grundsätze: Nichts Triefend-persönliches („tief empfundener
Dank an...", „größte Dankbarkeit gilt...") und keine wörtliche Anrede („Elisa-
beth/Paul, ich danke Dir für die stete Bereitschaft, daß Du auch in schwersten
Stunden der Belastung stets ein offenes Ohr für meine Probleme hattest...",
„Ich danke Dir, Heidrun/Willi, bzw. Euch in meiner WG für die tollen, auf-
munternden Gespräche und das Super-Essen am Tag vor der Abgabe...").
Mündlich kann man durchaus auch sehr persönlichen Dank aussprechen; aber
in schriftlicher Form sollte dieser wohl besser weniger stark und emphatisch
ausgedrückt werden, um nicht peinlich zu wirken.

Ein Betreuer freut sich sicher über einen nett formulierten, nicht dick aufge-
tragenen Dank, erwartet ihn aber nicht. Und überdies kann ein solcher Dank
gerne auch mündlich oder in schriftlicher Form jenseits der Diplomarbeit aus-

gesprochen, vielleicht von Hand in ein zusätzliches Abgabeexemplar geschrieben werden.

Während Ihrer Arbeit haben Sie sicher die Hilfe oder wenigstens Gesprächsbereitschaft von anderen Personen in Anspruch genommen, waren vielleicht auf die Unterstützung von Behörden angewiesen oder haben lange Interviews mit Angehörigen einzelner Unternehmen geführt. Ihnen gilt sicher ein Dankeschön im Vorwort. Sollte Ihre Arbeit ganz wesentlich von der Mitwirkung einer Institution abhängig sein, ist es selbstverständlich, daß Sie dieser Institution nach Abschluß Ihres Prüfungsverfahrens zum Dank auch ein Exemplar der fertigen Arbeit zukommen lassen, denn schließlich besteht dort ein besonderes Interesse an Ihren Ergebnissen.

Vielleicht kamen Sie sogar in den Genuß finanzieller Unterstützung für die Durchführung ihrer Arbeit, etwa in Form eines Auslandsstipendiums oder einer anderen Förderung. Auch hier ist eine Danksagung angebracht.

4.3.3 Inhaltsverzeichnis

Das Wichtigste zum Inhaltsverzeichnis, das über grundsätzliche Gedanken zu Aufbau und Gliederung (Kap. 4.2.2) hinausgeht, sei kurz zusammengefaßt:

- optisches Herausstellen von Haupt- und Unterpunkten (aber nicht zu unruhig mit unterschiedlichen Schrifttypen, -stärken, -größen, mit Versalien, Kapitälchen und Kursivschrift im ständigen Wechsel)
- maximal vier Gliederungsebenen
- wenigstens zwei Gliederungsunterpunkte (falls vorgesehen) zu einem Oberpunkt
- prägnante, verständliche und aussagekräftige Überschriften
- keine unverständlichen Abkürzungen oder Formeln in Überschriften
- Ausgewogenheit von Gliederungspunkten, Gliederungstiefe und Umfang
- Angabe der Seitenzahlen (Beginn eines jeden einzelnen Gliederungspunktes)
- vollständige Wiedergabe aller Gliederungspunkte (inkl. Verzeichnissen und Anhang)

Weitergehende Ausführungen zum Inhaltsverzeichnis finden sich in ECO 1992: 260-264 und KRÄMER 1995: 67-74.

4.3.4 Einleitung

Die Einleitung soll folgende Aufgaben übernehmen:
- Hinführung zur geographischen Fragestellung der Untersuchung
- Erläuterung grundlegender Begriffe
- Einbettung der Fragestellung in den weiteren Forschungszusammenhang
- Erläuterung der eigenen methodischen und arbeitstechnischen Vorgehensweise bei der Arbeit

Die Hinführung zur Themen- und Fragestellung kann mittels Ansprechens einer wichtigen aktuellen Begebenheit, einer globalen Entwicklung, einer grundsätzlichen Problematik oder eines wichtigen Beispiels als Aufhänger erfolgen. Achten Sie darauf, daß Sie keine Allerweltsweisheiten, Banales oder zu allgemeines Gedankengut schreiben - es ist immerhin der Beginn Ihrer Arbeit, mit dem Sie von vornherein Maßstäbe setzen.

„Die Einführung soll auch festlegen, was das *Zentrum* der Arbeit bildet und was ihre *Peripherie*. Dies ist eine nicht nur aus Gründen der Methode wichtige Unterscheidung. Man erwartet von euch, daß ihr das Zentrum viel erschöpfender behandelt als die Randbereiche." (ECO 1992: 145, Hervorhebungen im Original).

Manche Arbeit ist stark vom Forschungsinteresse in Nachbardisziplinen geprägt. Hier erscheint es sinnvoll, bereits in der Einleitung auf das „Geographische" zu verweisen. Dies kann im räumlichen Bezug zu einer konkreten Untersuchungsregion bestehen, in der Übertragung eines außergeographischen Forschungsansatzes auf einen geographischen Gedankenzusammenhang (was aber im theoretischen Teil der Arbeit weiter zu untermauern ist) oder in der Anwendung eines geographischen Forschungsinstruments (z.B. GIS) auf ein außergeographisches Problem.

Eine als Absichtserklärung vorweggenommene Zusammenfassung zu dem, was man im weiteren Verlauf der Arbeit alles vorhat, ist meist verzichtbar, obwohl es durchaus sinnvoll sein kann, die Grobstruktur des Gedankengangs darzulegen – jedoch nicht mit der Aneinanderreihung der Kapitelüberschriften, die der Leser aus dem Inhaltsverzeichnis bereits kennt.

4.3.5 Hauptteil

Es erübrigt sich an dieser Stelle, ausführlich auf den Hauptteil der Abschlußarbeit einzugehen oder gar ein Kompositionsschema zu entwerfen, weil der individuelle Aufbau Ihrer Arbeit dafür entscheidend ist. Der Aufbau soll in erster Linie die Grundstruktur der Gedankenführung widerspiegeln, angemessene Gliederungstiefe zeigen und den größten Teil des Umfangs ausmachen. Wichtig ist es, gedankliche Vernetzungen nachzuzeichnen, die sowohl den theoretisch-methodischen Vorspann als auch die über die Arbeit hinausweisenden Schlußfolgerungen und auch Handlungsempfehlungen einbeziehen.

Wichtig ist ferner, daß nach Fertigstellung des gesamten Textes (der aus diesem Grund wenigstens eine, besser zwei Wochen vor Abgabetermin endgültig fertiggestellt sein muß) gezielt und mit großer Sorgfalt Querbezüge zwischen inhaltlichen Kapiteln, Bezüge zu Abbildungen, Tabellen und Interviewpassagen in den Text eingebaut und zugleich Wiederholungen beseitigt werden. Allerdings darf dies nicht dahingehend ausarten, daß nur noch Vorwärts- und Rückwärtsverweisungen den Text bestimmen, der auf diese Art - ohne zusätzlichen Informationsgewinn - unnötig aufgebläht wird.

„Die ´internen´ Verweisungen sollen vermeiden, daß immer wieder dasselbe wiederholt werden muß, aber sie sollen auch zeigen, daß die Arbeit ein einheitliches Ganzes ist. Eine interne Verweisung kann zum Ausdruck bringen, daß ein einziger Gedanke für zwei unterschiedliche Gesichtspunkte Gültigkeit hat, daß ein einziges Beispiel zwei verschiedene Argumente stützt, daß das, was in einem allgemeinen Sinn gesagt wurde, auch bei der Behandlung eines besonderen Punktes gilt und so weiter." (ECO 1992: 148).

4.3.6 Schlußteil

Der Schlußteil übernimmt die Aufgabe, Ihrer Arbeit eine gewisse Abrundung zu geben. Er kann die gewonnenen Kernaussagen (sofern nicht eine eigene Zusammenfassung hierfür vorgesehen ist) nochmals deutlich herausstellen und zusammenfassend beurteilen, er kann zu den Ausgangsgedanken zurückführen und einen Ausblick geben auf Forschungsdesiderate, weiterführende Fragestellungen und Forschungsperspektiven. Auch eine vorsichtig formulierte persönliche Schlußfolgerung ist möglich, nicht jedoch ist hier Platz für wilde Spekulationen. Die Formulierung von Kernaussagen sollte jedoch nicht eine Wiederholung darstellen, sondern erfordert ein höheres Abstraktionsniveau. Auch für den Schlußteil gilt: Er sollte keinesfalls wörtlich so genannt werden! Er kann - je nach Inhalt und Zielsetzung - mit „Zusammenfassung", „Beurteilender Ausblick" oder mit einer Charakterisierung, die direkt auf den Inhalt bezogen ist, überschrieben werden (z.B. „Jenseits klassischer stadtgeographischer Theorien", „Zukünftige Ansätze in der Regionalplanung").

4.3.7 Abbildungen, Tabellen, Graphiken

Inhaltlich ist daran zu denken, daß es sich bei Ihrer Arbeit um eine geographi-sche Untersuchung handelt, bei der - abhängig natürlich von der Fragestellung - in den meisten Fällen eine kartographische Umsetzung wichtiger Daten er-wartet werden darf, obwohl dies zeit- und arbeitsaufwendig ist. Eine gute Ab-schlußarbeit in der Geographie kommt - abgesehen von rein theorie- oder textorientierten Arbeiten - kaum ohne graphische Zusatzinformationen aus: Karten, Graphiken, Tabellen, Bilder können dazugehören. Es wäre zu billig, nur aus der vorhandenen Literatur zu kopieren. Das bedeutet nicht, daß nicht auch (stets mit genauer Quelle versehene) Abbildungen aus anderen Veröf-fentlichungen aufgenommen werden dürfen und sollten.

Abbildungen und Tabellen übernehmen in Ihrer Arbeit folgende Funktionen. Sie können sein:

- Verständnishilfen: Diese veranschaulichen komplexe und komplizierte Zusammenhänge und Prozesse übersichtlich.

- Erkenntniswerkzeuge: Sie helfen beim Erkennen von Strukturen, Prozes-sen und Zusammenhängen (heuristischer Aspekt).

- Abbildungen als „Chemische Formeln" der Geographen können mehr sagen als tausend Worte.

- Dokumentation: Strukturmuster des Raumes können exemplarisch kon-kretisiert und für Vergleiche zeitlicher und räumlicher Art bereitgestellt werden.

Der Computer verführt zu Redundanzen: Eine Tabelle ist schnell erstellt und zusätzlich rasch in eine Graphik umgesetzt. Wenn dann der Text noch weitge-hend deskriptiv abgefaßt ist, kann es sein, daß identische Informationen sei-tenfüllend dreimal dargeboten werden. Wie wäre es statt dessen mit einem sinnvollen Mix der unterschiedlichen Darstellungsformen? Der Text zu einer Abbildung oder Tabelle sollte sich auf Interpretation, Bezüge, Schlußfolgerun-gen usw. beschränken. Viele Graphikprogramme sind so ausgelegt, daß seiten-füllende Abbildungen entstehen. Achten Sie dabei auf ein sinnvolles Verhält-nis zwischen der Aussagekraft einer Graphik und ihrer Größe: Um die pro-zentualen Anteile zweier Merkmale darzustellen (Aussageumfang maximal eine Textzeile), bedarf es keiner DIN A4-Graphik mit zusätzlicher Tabelle!

Abbildungen und gegebenenfalls Photographien müssen nicht farbig sein (Ko-stenfrage!) - gleiche Inhalte und Aussagen lassen sich, mit Ausnahme komple-xer Karten oder Satellitenbildern, zumeist auch durch Schwarz-Weiß-Darstel-lungen erreichen. Es geht nicht darum, größtmögliche Brillanz und perfektes, höchstaufwendiges Layout zu erzielen. Bedenken Sie bei dem Entwerfen von Karten auch, daß Sie mehrere Exemplare einzureichen haben. Wollen Sie einen Sachverhalt dennoch farbig darstellen, bedenken Sie, daß die Handkolorierung aufwendig ist. Daher sollte das Format späteren Kopiermöglichkeiten angepaßt werden. Die Erstellung aussagekräftiger thematischer Karten zum (raumbezogenen) Nachweis von empirischem Datenmaterial ist ein grundlegendes Darstellungs- und Aussagemittel geographischer Arbeiten. Vergegenwärtigen Sie sich in gängigen Lehrbüchern der Kartographie unbedingt noch einmal einige Grundregeln der thematischen Kartographie (Absolut- und Relativdarstellung, Signaturenschlüssel, Aussagekraft von Farben und Schraffuren, Informationsdichte im Zwiespalt zwischen komprimierter Aussage und Überlastung) und verlassen Sie sich auch hier keinesfalls auf das Kartographie- oder GIS-Programm ihres PC.

Vergessen Sie nicht einige Grundregeln bei der Erstellung von Abbildungen:

- Titel bzw. Überschrift: Jede Abbildung muß eine aussagekräftige, den gesamten Inhalt charakterisierende Über- oder Unterschrift haben.

- Legende: In jeder Abbildung werden über die Legende alle dargestellten Elemente (außer der Hintergrundtopographie bei thematischen Karten) erklärt und ggf. mit Maß-/Einheitenangaben ausgewiesen.

- Maßstab oder (bei Diagrammen) Achsenskalierung: Zu jeder Karte gehört ein Maßstab, der sinnvollerweise als Maßstabsleiste gezeichnet und nicht als Zahlenwert angegeben wird. Bei jedem Diagramm müssen vollständige Achsenbeschriftungen oder (etwa bei Kreissektorendiagrammen) zumindest Größeneinheiten angegeben werden.

- Die Aussagen der Abbildung sollten sich immer auf die wesentlichen Punkte beschränken.

- Alle Karten erhalten, falls sie nicht eingeordnet sind, einen Nordpfeil.

- Quellenangabe der Daten, Kartierungen, Erhebungen: Unmittelbar zu jeder Abbildung, d.h. nicht im laufenden, die Abbildung kommentierenden Text, gehört die vollständige Quellenangabe, die unter Umständen aus mehreren Einzelquellen bestehen kann. Die vollständigen bibliographischen Angaben auch dieser Quellen müssen im Quellen- und Literaturverzeichnis aufgeführt werden.

- Kennzeichnung der Autorenschaft: Zu allen selbst gestalteten Abbildungen (nicht den mit Standard-Software produzierten Einfachgraphiken) gehört die Nennung der Autorenschaft (Autorname und Jahreszahl oder: eigener Entwurf). Bei Fotos werden der Autor des Fotos und das Aufnahmedatum (Monat, Jahr) genannt.

Hinweise zur Gestaltung von Karten und Kartogrammen finden Sie in einschlägigen Lehrbüchern der Allgemeinen und Thematischen Kartographie sowie in Fachliteratur zur Tabellen- und Graphikgestaltung. Gute Hinweise zu Abbildungen (ohne Karten), Diagrammen und Tabellen befinden sich in KRÄMER 1994, 1997 und KRÄMER 1995: 80-105. Zur computergestützten Einbindung von Graphiken und Bildern siehe SESINK 1994: 202-204, 247-251 sowie die Handbücher der einschlägigen Softwareprogramme.

4.3.8 Verzeichnisse

Verzeichnisse dienen der systematischen Auflistung von Quellen (im Falle des Literatur-, Interview- und Archivalienverzeichnisses), dem schnellen Auffinden von Materialien (im Falle des Abbildungs-, Tabellen- und ggf. Bildverzeichnisses) sowie der Auflösung von Abkürzungen (Abkürzungsverzeichnis). Nicht alle Verzeichnisse sind in jeder Arbeit erforderlich.

Inhaltsverzeichnis
Das Inhaltsverzeichnis wurde bereits angesprochen (siehe Kap. 4.3.3). Es steht immer vor der Arbeit und enthält außer den Kapitel- und Abschnittsüberschriften selbstverständlich auch die Seitenangaben für den Beginn eines jeden Kapitels oder Abschnitts.

Quellen- und Literaturverzeichnis
Jede Abschlußarbeit enthält am Schluß selbstverständlich ein Literaturverzeichnis, das die berücksichtigten Werke in alphabetischer Reihenfolge der Autorennamen auflistet. Auf das korrekte Zitieren wurde oben bereits eingegangen (Kap. 4.2.5), ebenso auf die Untergliederung des Quellen- und Literaturverzeichnisses. Sog. „Graue" Literatur kann, muß aber nicht eigens von der „normalen" Literatur abgetrennt werden, (Nicht-Fach-) Zeitschriften- und Zeitungsartikel sollen hingegen in einem eigenen Verzeichnis aufgelistet werden.

Verzeichnis der Zeitungsartikel
Falls Sie - etwa bei einem aktuellen Thema - mit Zeitungsartikeln arbeiten, müssen diese in einem eigenen Verzeichnis aufgeführt sein. Entweder schreiben Sie die Zeitungen der alphabetischen Reihenfolge nach auf und zitieren die Artikel im laufenden Text durch Angabe des Namens der Zeitung und des Erscheinungsdatums, oder (umständlicher!) Sie listen die Artikelüberschriften einzeln auf und fügen Zeitungsname und Erscheinungsdatum hinzu.

Verzeichnis der Archivalien

Die verwendeten Archivalien besitzen i.d.R. Archivnummern, Datum und nähere Angaben zur Quelle. Je nach Art des Dokuments (und dieses kann sehr unterschiedlich aussehen), sollten Sie eine Form des Verzeichnisses finden, die sich an die Art der Archivierung anlehnt. Meist ist es sinnvoll, nach Archiven zu trennen. Halten Sie im einzelnen unbedingt Rücksprache mit den zuständigen Archivaren.

Interview-/ Gesprächsverzeichnis

Auch Interviews und Gespräche stellen eine Quelle von Daten im weitesten Sinne dar: Wenn in Ihrer Arbeit Interviews (strukturierte, teilstrukturierte oder offene Experten- und/oder Betroffeneninterviews, narrative Tiefeninterviews) und/oder Gespräche geführt wurden, müssen diese in einer eigenen Zusammenstellung aufgelistet werden. Dies kann numeriert (die einzelnen Interviews werden durchlaufend numeriert aufgeführt) erfolgen und sollte auf jeden Fall eine Datums- und Ortsangabe sowie sinnvollerweise eine Kurzcharakterisierung der Institution/Behörde/Organisation oder der Position des Interviewpartners einschließen. Inwieweit Interviewpartner (und deren Positionen) namentlich aufgeführt werden, muß mit Fingerspitzengefühl bedacht werden: Auf der einen Seite erfordert wissenschaftliche Lauterkeit zweifelsfreien Nachweis; auf der anderen Seite sind Belange des Datenschutzes ebenso zu beachten wie die Frage, ob mit einer namentlichen Nennung einem Informanten möglicherweise geschadet werden kann. Auf jeden Fall muß man sich auf Ihre Angaben verlassen können.

Verzeichnis der Abbildungen

Das Abbildungsverzeichnis erleichtert die Suche nach einer bestimmten Abbildung. Das Verzeichnis listet die Abbildungen in der numerischen Reihenfolge, mit der Abbildungsüberschrift und unbedingt auch der Seitenzahl auf.

Verzeichnis der Photographien/ Bilder

Falls Sie mit einer Reihe von Photos arbeiten, sollten hier in numerierter Reihenfolge die Titel der Aufnahmen, deren Autoren, der jeweilige Aufnahmeort und der -zeitpunkt sowie die Seitenzahlen notiert sein. Es ist aber auch nichts dagegen einzuwenden, wenn Sie Photographien als ‚Abbildungen' behandeln und dort aufführen.

Verzeichnis der Tabellen

Beim Tabellenverzeichnis wird in gleicher Weise verfahren wie beim Abbildungsverzeichnis; auch hier dürfen Tabellenüberschrift und Seitenzahlen nicht fehlen.

Abkürzungsverzeichnis

Welche Abkürzungen müssen eigens in einem Abkürzungsverzeichnis aufgenommen werden, welche nicht? Im Duden (Rechtschreibung der deutschen Sprache und der Fremdwörter) stehende, allgemein geläufige Abkürzungen (usw.; z.b.; u.a. ...) brauchen nicht in einem Abkürzungsverzeichnis aufgelistet zu werden, sollen es auch nicht. Sie sind aber natürlich korrekt zu verwenden. Wichtig sind vor allem Abkürzungen von Institutionen, Organisationen, Verbänden, Nicht-Regierungsorganisationen (NGOs) und Planungs- oder Verordnungskürzel.

Weitergehende hilfreiche Hinweise zur Frage der Behandlung von Abkürzungen finden Sie in KRÄMER 1995: 135-141 (inkl. sehr hilfreicher tabellarischer Übersichten) und STANDOP 1994: 90-100.

Register

Ein Register, welches der Erschließung des Inhalts dient, kann beim Lesen von Texten sehr hilfreich sein, sprengt aber in aller Regel die Anforderungen an eine Abschlußarbeit. Es wird deshalb normalerweise bei einer Diplom-, Magister- oder Examensarbeit nicht erwartet, sondern gilt hier eher als Übertreibung.

4.3.9 Zusammenfassung(en)

Es gibt (leider und unverständlicherweise) Arbeiten, in denen Absichtserklärungen zu dem, was im folgenden Kapitel behandelt werden soll, sowie Zusammenfassungen von dem, was zuvor gerade dargestellt wurde, ein Drittel oder ein Viertel des Textumfangs ausmachen. Diesen sollten Sie nicht nacheifern. Wenn Sie Ihre Arbeit in mehrere größere Hauptabschnitte gliedern, kann es sinnvoll sein, am Ende eines jeden Hauptabschnittes ein kurzes Zwischenfazit zu ziehen - es muß jedoch nicht sein. Unterkapitel bedürfen außer evtl. bei sehr langen Texten in der Regel keiner eigenen Zusammenfassung. Im Gegenteil: Eine Arbeit von etwa 100-120 Seiten sollte nicht zusätzlich durch 10 Seiten Zusammenfassung aufgebläht werden. Der Leser fühlt sich wenig ernst genommen, wenn ihm durch zu viele Zusammenfassungen indirekt unterstellt wird, er könne (oder wolle) den Kern des soeben Dargelegten nicht selbst zusammenfassend erkennen. Eine Zusammenfassung aller Ergebnisse sollte jedoch möglichst am Ende der Gesamtarbeit erscheinen.

Für Sie selbst haben Zusammenfassungen (ganz unabhängig davon, ob sie Bestandteil der Arbeit werden oder nicht) den oft hilfreichen Sinn, daß Wesentliches klar konturiert wird, daß gleichermaßen Distanz und Präzision der Aussage geschaffen werden und daß Ihr Blick für die wichtigeren wie auch die nachgeordneten Sachverhalte unterstützt wird.

Zusammenfassungen dürfen streng genommen nur bereits bekannte Informationen in knapper Auswahl und möglichst präziser Form enthalten, jedoch keine neuen Gedanken oder gar neue Analysen mit weiterführenden Literaturangaben; sonst ist Ihre Überschrift „Zusammenfassung" falsch gewählt. Insbesondere bei der sog. „Grauen" Literatur werden Sie immer wieder auf Zusammenfassungen stoßen, die in Kurzform (für den besonders eiligen Leser, der den Gedankengang nicht nachvollziehen, sondern nur die Ergebnisse konsumieren möchte) auf zwei bis drei Seiten die „Essentials" eines langen Arbeitspapiers thesenartig auflisten. Begründungen und Einzelnachweise für die Aussagen sind in Zusammenfassungen nicht erforderlich; Zusammenfassungen sind allein das Thesengerippe der gesamten Arbeit. Wer ans Fleisch möchte, muß die Arbeit lesen. Dies bedeutet auch, daß eine inhaltliche Auseinandersetzung mit anderen Werken in der Zusammenfassung nichts zu suchen hat. Besser, als eine „Zusammenfassung" zu schreiben, ist übrigens allemal, ein „Fazit" anzustreben, d.h. Ergebnisse und Erkenntnisse aus Ihrer Untersuchung auf einer abstrakten Ebene zu formulieren.

4.3.10 Anhang/Anhänge

Ein Anhang oder unter Umständen mehrere Anhänge dienen der Dokumentation von Zusatzmaterialien, vor allem dann, wenn diese nicht oder nur schwer zugänglich sind. Dies kann bei historischen, fremdsprachigen oder allgemein nicht bzw. nur schwer zugänglichen Quellen der Fall sein; es kann aber auch Unterlagen umfassen, die im Zusammenhang mit Ihrer eigenen empirischen Arbeit entstanden sind (Fragebögen, Interviewtranskriptionen, Beobachtungsprotokolle, Betriebsspiegel, umfangreiche tabellarische Übersichten und Auswertungen, Serien thematischer Karten, Dokumentationen über experimentelle Reihen, Programmierungsschritte, Protokolle usw.). Wichtig ist hierbei unbedingt, daß Sie sich auf wirklich notwendige Materialien beschränken und keinen unnötigen Berg an Unterlagen beifügen, der eher auf Unfähigkeit zur Auswahl schließen oder gar Eindruckschinderei vermuten läßt.

Weitergehende Ausführungen zum Anhang stehen in ECO 1992: 257-259.

4.3.11 Erklärung

Jede Abschlußarbeit muß eine Erklärung enthalten, in der Sie sich dafür ver-
bürgen, daß Sie die Arbeit selbständig und nur unter Verwendung der angeführten Materialien angefertigt haben. Die Form der Erklärung ist unterschiedlich, bisweilen sind Formulierungen exakt vorgeschrieben. So ist für die
Diplomarbeiten in Heidelberg eine verbindliche Erklärung abzugeben, deren
Wortlaut wortgetreu, d.h. unbedingt exakt identisch, übernommen werden
muß. Er lautet:

*„Ich versichere, daß ich die beiliegende Diplomarbeit ohne Hilfe Dritter und ohne Benutzung anderer als
der angegebenen Quellen und Hilfsmittel angefertigt und die den benutzten Quellen wörtlich oder inhaltlich entnommenen Stellen als solche kenntlich gemacht habe. Diese Arbeit hat in gleicher oder in ähnlicher Form noch keiner Prüfungsbehörde vorgelegen."*

„Heidelberg, den (Datum)"   ****Original-Unterschrift****

Auch für die Staatsexamens-/Zulassungsarbeit in Baden-Württemberg wird
der Wortlaut der Erklärung vom Landeslehrerprüfungsamt vorgeschrieben. Er
lautet:
*„Ich erkläre, daß ich die Arbeit selbständig und nur mit den angegebenen Hilfsmitteln angefertigt habe
und daß alle Stellen, die dem Wortlaut oder dem Sinne nach anderen Werken entnommen sind, durch
Angabe der Quellen als Entlehnungen kenntlich gemacht worden sind."*
Diese Erklärung ist mit der Angaben von Ort und Datum und mit Ihrer Unterschrift in die abzugebende Arbeit einzubinden.

Wenn die Formulierung der Erklärung freigestellt wird, sind doch deren Inhalte verbindlich festgelegt. So gilt für die Staatsexamensarbeit in Bonn:
„Am Schluß der Arbeit ist eine Versicherung abzugeben, daß die Arbeit selbständig verfaßt worden ist, daß keine anderen Quellen und Hilfsmittel als die angegebenen benutzt
worden sind und daß die Stellen der Arbeit, die anderen Werken dem Wortlaut oder Sinn
nach entnommen wurden, in jedem Fall unter Angabe der Quelle als Entlehnung kenntlich gemacht worden sind. Das gleiche gilt auch für die beigegebenen Zeichnungen,
Kartenskizzen und Darstellungen." (LPO § 17).

4.3.12 Verteidigung der Diplomarbeit

Es ist wohl ein Erbe aus der Zeit der DDR, daß einige Hochschulen in den
neuen Bundesländern die Verteidigung der Diplomarbeit beibehielten – und es
ist ein durchaus erwägenswerter Bestandteil des gesamten Prüfungsablaufs.
Gemeint ist damit, daß als Teil der Prüfung die abgeschlossene Diplomarbeit
vor der jeweiligen Prüfungskommission, vielleicht sogar vor der Fachöffentlichkeit in einem Kurzreferat vorgestellt wird und daß sich daran eine Diskus-

sion anschließt, bei der das Fragerecht entweder auf die Mitglieder der Kommission beschränkt bleibt oder auch auf die anwesende Öffentlichkeit erweitert werden kann. In Greifswald findet die Verteidigung vor der Bekanntgabe der Note der Diplomarbeit statt und dauert rund 30 Minuten. Die Bewertung dieses Prüfungsabschnitts erfolgt durch eine Dreier- oder Viererkommission, der auch der Referent (Betreuer) und Koreferent angehören. Das Ergebnis der Verteidigung fließt mit einem Drittel in die Note der Diplomarbeit ein. Eine mit „nicht ausreichend" bewertete Verteidigung führt sogar dazu, daß die gesamte Diplomarbeit mit „nicht ausreichend" bewertet wird (§35 der Diplomprüfungsordnung Geographie in Greifswald).

4.4 Erarbeitung der inhaltlichen Substanz

Es kann nicht Aufgabe dieser eher auf technische Abläufe abzielenden Handreichung sein, den Stellenwert von Theorie und Methoden im Rahmen der Abschlußarbeiten grundlegend zu vertiefen oder gar eine Einbindung in übergeordnete wissenschaftstheoretische Diskussionen vorzunehmen. Auch die grundsätzliche Unterscheidung der unterschiedlichen Ebenen der Darstellung und Interpretation sowie die einzelnen Erkenntnisschritte von Deskription (Beschreibung), Analyse, Erklärung, Kommentar, Verstehen und eventuell Prognose sollen und können hier nicht vertieft behandelt werden. Denn dies würde je nach Themenstellung höchst verschiedenartige Vorgehensweisen erfordern.

4.4.1 Zum Umgang mit Theorie

Theorie ist eine wesentliche Grundlage jeder Abschlußarbeit (weil Theorie Grundlage der Wissenschaft ist und die Abschlußarbeit den Anspruch auf Wissenschaftlichkeit erhebt). Manchmal wird dies vielleicht sogar kaum bewußt; denn das Ausmaß von Theorie in einer Abschlußarbeit wird je nach Thema sehr unterschiedlich sein: Es reicht von ausgesprochen umfangreichen Theoriekonstrukten bei theoretisch-methodologischen Fragestellungen zu geringerer Theorieorientierung etwa bei Bestandsaufnahmen in Stadtteilanalysen. Sprechen Sie mit dem Betreuer der Arbeit über den erwarteten theoretischen

Hintergrund. Der Forderung, daß eine gute Arbeit theoriegeleitet sein muß, kann und sollte man in den meisten Fällen gerecht werden.

Die Frage der Einbindung von Theorie hängt im einzelnen von der konkreten Fragestellung Ihrer Abschlußarbeit ab. Sie sollten anstreben, den Stand der Forschung sowie den konkreten Praxisbezug innerhalb der Geographie auf der Grundlage einschlägiger (auch fremdsprachiger) Fachliteratur angemessen und unter Berücksichtigung der jüngsten Entwicklungen darzustellen, zu kommentieren und zu beurteilen. Sinnvoll ist es zunächst, das Thema Ihrer Arbeit in einen größeren fachlichen und eventuell praxisbezogenen Rahmen einzuordnen und dabei auf bereits vorhandene Grundlagen, Veröffentlichungen, theoretische Ansätze und Diskussionen, gegebenenfalls auf Planungskonzepte und -ansätze zurückzugreifen. Bestehen kontrovers diskutierte, unterschiedlich gewichtende Auffassungen von einzelnen Fachvertretern oder sog. „Schulen", so ist es sinnvoll, diese zusammenfassend charakterisierend und mit Konzentration auf die wichtigsten Kernaussagen darzustellen (was an sich schon eine gute eigene Leistung sein kann), einander gegenüberzustellen, in Beziehung zueinander zu setzen und zu bewerten.

4.4.2 Wahl und Anwendung geeigneter Methoden

Methoden dienen dazu, die theoretisch aufgestellten Hypothesen und Arbeitsannahmen zu überprüfen sowie zielgerichtet nachprüfbar Material zur Beantwortung der Kernfragen zu gewinnen. Sie umfassen Ablaufschemata und das Gebiet der Arbeitstechnik. Es ist zwischen Methodologie (der Lehre der Methoden), Methode und methodischen Schritten (Arbeitstechniken) sorgfältig zu unterscheiden. Als Methodik wird der im Zusammenhang mit dem hinter Ihrer Arbeit stehenden Theoriekonstrukt entwickelte Ansatz mit einem Bündel von Hypothesen und weiterführenden Fragestellungen bezeichnet, als Arbeitstechnik das Instrumentarium und „Handwerkszeug", mit dem Sie sich an die konkrete Arbeit machen, Ihre Erhebungen vornehmen und die Auswertungen durchführen.

Einen ersten Überblick über Methoden und Arbeitstechniken haben Sie bereits im Grundstudium erhalten; in Praktika und methodisch orientierten Lehrveranstaltungen sollten Sie diesen Überblick vertieft haben und in der Lage sein zu entscheiden, welche Methoden und Arbeitstechniken für welche Fragestellung angemessen sein dürften. Bedenken Sie dabei, daß Sie selten mit der Anwendung allein einer Arbeitstechnik auskommen.

Machen Sie sich - je nach Erfordernis für Ihre Arbeit - mit der wichtigsten Einführungsliteratur und mit vertiefender Literatur zu folgenden verschiedenen Methoden vertraut, sofern dies noch nicht bereits während Ihres Studiums geschah:

- Beobachtung im Gelände, Kartierung
- quantitative und mathematisch-statistische Verfahren
- Arbeitstechniken der empirischen Regionalforschung und -analyse
- Befragungen und deren statistische Auswertung (erfordert sinnvollerweise Kenntnisse in SPSS, SAS oder vergleichbaren Programmen)
- Methoden der qualitativen Sozialforschung
- Anwendung von Geographischen Informationssystemen (GIS) und
- Anwendung von Techniken der Fernerkundung und Satellitenbildauswertung
- im physisch-geographischen Bereich: Gelände- und Labormethoden wie Aufschlußanalysen, Korngrößenanalyse, Bodenprobenentnahme und -analyse, Vegetationsaufnahmen, geländeklimatologische Messungen, Pollenanalyse, dendrochronologische Bestimmungen usw.

Fragen Sie sich kritisch: Kennen Sie die gesamte Bandbreite der möglichen methodischen Schritte innerhalb der einzelnen Methoden? Einige Beispiele und Fragen aus dem Bereich der Qualitativen Sozialforschung sollen das Gemeinte umreißen: Wissen Sie, was genau nach Auffassung verschiedener Autoren unter „Qualitativer Sozialforschung" verstanden wird? Was sind die vorwiegenden Ziele und Schwerpunkte qualitativer Sozialforschung? Auf welche Kriterien müssen Sie bei der Wahl der einzelnen methodischen Schritte achten? Sind Ihnen die jeweiligen Kennzeichen (inkl. deren Definitionen) und Unterschiede zwischen folgenden methodischen Schritten innerhalb der Qualitativen Sozialforschung geläufig: teilnehmende Beobachtung, teilstrukturiertes narratives Interview, teilstrukturiertes leitfadenorientiertes Tiefeninterview, Experteninterview, Gruppendiskussion, Beobachtungsexperiment, autobiographische Analyse? Sind Sie vertraut mit den einzelnen Vorgehensschritten bei der Erstellung von Leitfäden und der Auswertung von Interviews: Themenfeldgewinnung, Bestimmung der Art der Fragen, Reihung der Fragen, Art der Aufzeichnung der Antworten (Mitschrift, Tonbandaufzeichnung, Anfertigung eines Gedächtnisprotokolls), Aufbereitung und Auswertung der Antworten, Zitieren und Quellenangabe von Interviewpassagen? Wieviele Interviews und Gespräche sind aus welchen Gründen und Überlegungen heraus mindestens erforderlich für Ihre Arbeit?

Drei grundsätzliche Entscheidungen und Arbeiten bzgl. der Methoden müssen für Ihre Abschlußarbeit geklärt werden:

(1) Welche Methode und welche methodischen Schritte sind für meine Arbeit relevant, wichtig und sinnvoll zu verwenden; welche Alternativen gibt es - jeweils aus welchen Gründen?

(2) Wo finde ich welche Literatur zu meinem methodischen Vorgehen?

(3) Was muß im Methodenkapitel ausgeführt und begründet werden?

Grundsätzliche einführende Literatur zur Methodenfrage sind im Anhang (Kap. 8.3) zusammengestellt; diese ersten Hinweise entbinden Sie jedoch nicht von der Notwendigkeit, weiter gezielt für Ihre eigene Arbeit relevante methodische Literatur zu recherchieren.

Was gehört in das bzw. in die methodischen Kapitel Ihrer Arbeit (je nach Gliederungstiefe)? Komprimiert vorzustellen sind dabei vor allem:

• Wahl der Methode(n)

• Beschreibung und Begründung der eigenen Vorgehensweise bei Anwendung adäquater Arbeitstechniken

• kurze Erörterung von deren Vor- und Nachteilen sowie Grenzen

• unter Umständen begründende Ablehnung möglicher Alternativen zum eigenen Vorgehen

• Situation vor Ort

• bei Befragungen Wahl und Umfang der Stichprobe

• Auswahl und Zahl der Interviewten

• Darlegung und Begründung von Erhebungs- und Fragebogen, Leitfaden oder Aufmerksamkeitsraster

• Beschreibung und Begründung des Vorgehens bei Befragungen

• Charakterisierung von Quantität, Verfügbarkeit, Verläßlichkeit, Erhebungstiefe und -breite, Qualität und Aktualität des Materials (vor allem des statistischen Materials) und Ansprechen spezifischer Probleme und Ungereimtheiten

• Kennzeichnung spezifischer Probleme und Engpässe beim methodischen Vorgehen.

Beschränken Sie sich dabei auf die komprimierte Darlegung der wichtigsten Grundzüge. Als Anhaltswert - je nach Bedeutung von Methodik und methodischen Schritten in Ihrer Arbeit - mag gelten: Das bzw. die Methodenkapitel sollten bei einer Arbeit mit einem Gesamtumfang von 100 bis 120 Seiten insgesamt einen Umfang von zwischen 5 und maximal 10 Seiten umfassen.

Drei Tips noch zum Methodenkapitel:
- Schreiben Sie Ihr/Ihre Methodenkapitel möglichst frühzeitig. Der Methodenteil bildet die Ausgangsbasis der Arbeit, die Sie ohnehin gleich zu Beginn gestaltet und entschieden haben müssen, nachdem Sie sich über die Fragestellung und die einzelnen Unterfragen klargeworden sind. Erfahrungsgemäß läßt sich der Methodenteil recht leicht am Beginn der Formulierphase schreiben; es müssen noch keine eigenen Ergebnisse vorhanden sein. Auf diese Weise hat man schreibend zumindest einen Teil der Arbeit bereits hinter sich liegen.
- Vergessen Sie keinesfalls, sich im Methodenteil auf Fachliteratur zu beziehen und diese erkennbar reflektiert einzuarbeiten.
- Am Beispiel des (vergleichsweise ja innerhalb Ihrer Arbeit überschaubaren) Methodenteils kann man selbst sehr gut ermessen, wie lange man zum Formulieren benötigt und welche Arbeitsstile man bevorzugt. Testen und beobachten Sie sich dabei selbst, möglichst frühzeitig.

4.4.3 Eigenes und Fremdes

Es ist selbstverständlich, daß Sie nicht alles, was Sie niederschreiben, selbst von Anfang an ersonnen und untersucht haben, sondern daß Sie in nicht unbeträchtlichem Maße auf vorhandenes und gesichertes Wissen zurückgreifen können und sollen (vgl. dazu Kap. 4.4.1). Allerdings dürfen Sie sich ab und zu kritisch fragen, wie groß der Anteil des Eigenen an Ihrer Arbeit ist. Auf jeden Fall gilt der Grundsatz: In Ihrer Arbeit muß Eigenes und Fremdes jeweils deutlich voneinander unterscheidbar sein; alle Fremdquellen sind - wenigstens durch nachvollziehbare Nennung der Quellen - zu belegen. Dies ist im Sinne der wissenschaftlichen Redlichkeit zwingend erforderlich und auch für die spätere Benotung wichtig.

Zum Eigenen gehören Konzept und Aufbau Ihrer Arbeit, die Auswahl begründeter Beispiele, Auswahl und Erhebung spezifischen Belegmaterials für Thesen, Hypothesen, Annahmen, Auffassungen. Zum Eigenen gehören ferner die eigene Aufbereitung und Darstellung des theoretischen Rahmens Ihrer Arbeit und die gegenüberstellende Beurteilung verschiedener Ansätze. Zum Eigenen gehören weiter sicher die Kartierung, die Sie vornehmen und auswerten, die Befragungen und Interviews, die Sie durchführen und interpretieren. Aber schon der Kartierschlüssel oder Teile des Erhebungs- und Fragebogens können von anderen Arbeiten übernommen und für Ihre Zwecke modifiziert worden sein. Gegen ein solches Verfahren ist nichts einzuwenden, wenn Sie auch die Herkunft von Kartierschlüssel und Fragebogen durch entsprechende Literaturangaben nachweisen. Solche Übernahmen sind vor allem dann wichtig, wenn im Rahmen einer Untersuchung an verschiedenen räumlichen Objekten Vergleichskarten erzielt werden sollen. Zu Beginn des Computerzeitalters war es noch üblich, auch die Software zu nennen, mit der gearbeitet wurde. Dies wird bei Routineprogrammen mit weiter Verbreitung wie Textverarbeitungsprogrammen, gängigen Programmen zur Tabellenkalkulation oder zur Anlage von Datenbanken oder von Gebrauchsgraphik heute nicht mehr erwartet. Arbeiten Sie mit GIS-Methoden, ist es dagegen sinnvoll, das Programmpaket zu nennen, mit dem Sie Ihre Auswertung vornehmen und Karten erstellen. Dies gilt insbesondere dann, wenn Sie selbst etwa eigenständige Routinen als Unterprogramme schreiben, die Sie auch dokumentieren und in die Arbeit aufnehmen sollten, wenn sie in sachlichem Bezug zum Thema stehen.

Bei der Unterscheidung von Eigenem und Fremdem ist ferner wichtig, die Unterschiede zwischen Beschreibungen, Behauptungen, Erläuterungen, Erklärungen, Interpretationen, Deutungen, Kommentaren, Thesen und Hypothesen zu beachten - gerade hierbei sollte deutlich erkennbar sein bzw. gemacht werden, wann und inwiefern es sich jeweils um eigenes und fremdes Gedankengut handelt. Betonen Sie eigene Gedanken und Schlußfolgerungen deutlich, aber auch nicht überzogen aufdringlich. Stilistisch hilft dies: Ein überzogener „Ich-Stil" wirkt eher befremdlich oder gar peinlich.

4.4.4 Materialdokumentation und -aufbereitung

Eine systematische Dokumentation und Aufbereitung Ihres Materials bildet die Grundlage Ihrer Abschlußarbeit. Zum Material gehören: Texte (Originale oder Kopien), Gelesenes, Exzerpte, Zitate, Paraphrasen, Mitschriften, Originale oder Kopien von Handschriften, Kommentare, Zeitungsausschnitte, Internetdateien und -ausdrucke, mitgeschnittene, transkribierte oder mitgeschriebene Interviewpassagen, Hinweise, statistische Daten, Meßdaten, Luftbilder, Satellitenbilder und -daten, Kartierungen, ausgefüllte Fragebögen, Photos, Videos, Ideen, Gedankensplitter usw.

Eine erste Frage ist die nach einem für Sie geeigneten und von Ihnen gewünschten Ordnungssystem.

„Der eine schreibt seine Geistesblitze auf Bierdeckel, der andere in wohlsortierten Heften auf. Der eine arbeitet lieber mit dem Bleistift, der andere mit dem PC, der eine morgens, der andere nachts, der eine vor dem Essen, der andere danach. Der eine hat wie

Archimedes die besten Ideen in der Badewanne, der andere braucht dafür eine Bibliothek." (KRÄMER 1995: 5).

Umfangreiche Materialdokumentationen und -aufbereitungen können in Form
verschiedener Ordnungssysteme, Dateien oder Karteien erfolgen:

* Literatur- bzw. Lektüredatei, -kartei, -ordner von Büchern und Aufsätzen
* Schlagwortdatei, -kartei, -ordner
* Themenkarten/-dateien
* Autoren-/Personen-/Interviewdatei, -kartei, -ordner
* aufbereitete Sammlung von Studienmaterial, Mitschriften, Referaten
* themenbezogene bzw. thematische Aufbereitung von Material (Sachthe-
  men)
* regionsbezogene Aufbereitung von Material
* alphabetische Sammlung von Material (Exzerpte, Ideen, Kommentare
  usw.) und
* Zitatekarten/-dateien

Inwieweit Sie sich über eine eigene Schlagwortdatei und mittels Querverweisen
Ihr eigenes Material erschließen wollen, müssen Sie sich sorgfältig überlegen.
Eine entsprechende Aufbereitung erleichtert Ihren Zugriff zu dem Material
einerseits enorm, vor allem erlaubt sie gezieltes schnelles Auffinden. Andererseits kostet die Anlage Ihres Systems auch Konzeptions-, Durchführungs- und
Ordnungszeit. Am besten ist es, wenn Sie bereits im Zusammenhang mit dem
Verfassen eines Referats oder einer Hausarbeit während des Hauptstudiums
eigene Erfahrungen sammeln und nicht erstmals beim Schreiben der Abschlußarbeit damit experimentieren (müssen). Sie sollten von sich selbst wissen, inwieweit Sie einer guten oder sehr guten Ordnung bedürfen oder diese
als hilfreich im Kampf gegen die Materialfülle empfinden, um gute Leistungen
zu erbringen. Vielleicht gehören Sie aber auch zu den Menschen, die nicht
konsequent und systematisch genug die Anlage einer geordneten Material-
sammlung betreiben, so daß am Ende nur halbfertige Ordnungstorsi entstehen, mit denen nicht sehr viel anzufangen ist. Viele Studierende verkennen am
Anfang ihrer Arbeit die enorme Materialfülle, die sich bei einer Abschlußarbeit
anhäuft, und die sich bei Referaten und Hausarbeiten in dieser Form früher
nicht angesammelt hatte.

Eine kleine Warnung noch zur sehr verbreiteten Manie des Jagens und Sam-
melns:

„Vorsicht; Fotokopien können zum Alibi werden! Fotokopien sind ein unerläßliches Hilfsmittel, sei es, um einen in der Bibliothek schon gelesenen Text zur Verfügung zu haben, sei
es, um einen noch nicht gelesenen Text mit nach Hause zu nehmen. Aber oft werden

Fotokopien als Alibi verwendet. Man trägt hunderte von Fotokopien nach Hause, man hat ein Buch zur Hand gehabt und mit ihm etwas unternommen und glaubt darum, es gelesen zu haben. Der Besitz von Fotokopien erspart die Lektüre. Das passiert vielen. Eine Art Sammel-Rausch, ein Neo-Kapitalismus der Information. Setzt euch gegen die Fotokopie zur Wehr. Habt ihr sie, so lest sie sofort und verseht sie mit Anmerkungen. ... Es gibt vieles, was man gerade deshalb *nicht weiß*, weil man einen bestimmten Text fotokopiert hat; so hat man sich der Illusion hingegeben, man hätte ihn gelesen." (ECO 1992: 162, Hervorhebungen im Original).

Weiterführende Hinweise zum Vorgehen bei der Materialaufbereitung, der Anlage von Karteien/Dateien finden sich in ECO 1992: 150-179 und SESINK 1994: 66-67; Hilfen zur Anlage einer Schlagwort-, Personen-, Materialien- und Literaturdatei finden Sie in SESINK 1994: 66-67, 81-87.

Etwas anderes ist die Aufbereitung des Materials, wozu das Unterstreichen und das Exzerpieren gehören (zum Vorgehen bei Unterstreichungen: ECO 1992: 160-163).

„Die Unterstreichung macht das Buch zum persönlichen Besitz. ... Sie ermöglicht es euch, auf das Buch zurückzukommen und gleich zu erkennen, was euch interessiert hatte. Aber man muß beim Unterstreichen Grundsätze haben. Es gibt Leute, die unterstreichen alles. Das ist, als würden sie gar nichts unterstreichen." (ECO 1992: 160-161, Hervorhebungen im Original).

Wie exzerpiert man am besten?

- Sinnvoll wegen des großen Formats (ausreichend Platz!) sind DIN A 4-Blätter.
- Als Kopf des Exzerpts: Genaue bibliographische Angabe aufnehmen.
- Evtl. kurze Angaben zum Autor aufnehmen.
- Aufschreiben von Definitionen (evtl. als Zitat).
- Spiegelstrichartige Kurzfassungen der Gedanken aufschreiben (jeweils mit Seitenangabe).
- Aufnahme (und unbedingt: korrekte Kennzeichnung) von ausgewählten wörtlichen Zitaten (mit Seitenangabe).
- Notieren von wichtigen Abbildungen, Tabellen und Datenangaben.
- Eigenen Kommentar und Stellungnahme anfügen.
- Offene Fragen, Gedanken, Perspektiven notieren - aber deutlich als eigene Gedanken kennzeichnen.

Weitere gute Hinweise zum Vorgehen beim aneignenden Lesen - d.h. Formen und Möglichkeiten des Lesens, Exzerpierens wie auch des Visualisierens von Mitschriften - finden Sie bei FRANCK 1998: 29-53.

4.4.5 Daten und ihre Interpretation

Empirisches Material für Ihre Abschlußarbeit werden Sie zu einem gewissen Teil selbst erheben und dabei vielleicht über Fragebögen und Erhebungsbögen mit den Methoden der empirischen Sozialforschung arbeiten. Wir können und wollen hier nicht auf die unterschiedlichen Techniken des Interviews, der Befragung und der Erhebung eingehen (dazu Kap. 4.4.2 sowie unter den Literaturhinweisen in Kap. 8.3). Welche Technik Sie auswählen, hängt letztlich von Ihrer Thematik ab. Fragestellung und empirische Datenerhebung müssen zusammenpassen und sollten dann auch richtig bezeichnet werden: Die Erhebung von Produktionsdaten einen landwirtschaftlichen Betriebs ist keine „Befragung" und erfolgt nicht auf einem „Fragebogen", sondern hat den Charakter einer „Erhebung" (selbst wenn Sie nur gerundete oder geschätzte Werte erhalten). Das Fragen nach Raumwahrnehmungen oder Einstellungen zu einem Sachverhalt oder nach individuellen Bewertungen ist dagegen eine Befragung, bei der Sie, wenn Sie eine statistische Auswertung planen, mit einem Fragebogen arbeiten müssen. Ein Muster von Frage- und Erhebungsbogen gehört in den Anhang der Arbeit. Wollen Sie, um Vertrauen bei den Respondenten zu erwecken, mit dem Briefkopf (oder auch nur Namen) des Instituts arbeiten, müssen Sie den Fragebogen samt Anschreiben vorher vom Betreuer der Arbeit „absegnen" lassen.

4.4.6 Das „Dschungelgefühl" oder: Kapitulation vor der Datenfülle

Jeder, der eine Abschluß- oder andere größere Arbeit verfaßt hat, kennt das „Dschungelgefühl": Im Laufe Ihrer Arbeit, vor allem, nachdem Sie die Datensammlung weitestgehend hinter sich oder beendet haben, stellt sich oft trotz eines Ordnungssystems (Kap. 4.4.4) angesichts des Bergs an nahezu unendlich viel erscheinendem Material das Gefühl des „Nicht-mehr-Beherrschen-Könnens" ein. Wenn Sie auch nach einem Tag Ruhe und innerem Abstand von Ihrer Arbeit keinen Durchblick erreichen, empfehlen sich zwei Strategien:

Besinnen Sie sich auf Ihre kompakt formulierte Fragestellung, überlegen Sie ganz kritisch, ob das eine oder andere Material wirklich zur Sache gehört oder ob Sie nicht eher daran festhalten, weil es viel Mühe und Aufwand gekostet hatte, an diese oder jene Daten, Informationen, Karten oder Literatur heranzukommen. Anschließend räumen Sie auf, trennen Sie sich von Material, das kritischer Betrachtung der Frage „Für meine Arbeit wichtig?" nicht standhält. Sie können es ja sicherheitshalber nur in den Keller verfrachten.

Ferner ist es hilfreich, mit jemandem über die Arbeit zu sprechen, indem Sie so kompakt und konkret wie möglich das formulieren, was Sie als eigentliches Ziel vor Augen haben. Selber mündlich formulieren zu müssen zwingt zur Kürze und zur Beschränkung auf Wesentliches.

4.5 Alles bedacht? - „Final Check"

Über 98 Seiten - soviel mußten Sie durchlesen, um zum Abschluß der Hinweise zu Ihrer Arbeit zu gelangen. Aber wurde alles bedacht? Es empfiehlt sich, über die in der vorliegenden Studienhilfe angeführten Punkte hinaus ganz individuell schon während des Schreibens der Arbeit eine Checkliste anzulegen, die alles enthalten sollte, was noch bedacht werden muß. Diese Checkliste entsteht parallel zu „Such-" und „Now to do-"Listen, die jeweils die aktuellen Aufgaben vermerken. Vor allem die letzten Schritte sollten in chronologischer Reihenfolge wohl bedacht sein - bis zur Abgabe der fertig gebundenen und geprüften Exemplare.

Spätestens zwei (besser: vier) Wochen vor dem Abgabetermin Ihrer Arbeit sollten Sie folgendes organisieren: Wann kann ich wo die Arbeit kopieren? Wer hilft? Am besten ist es, die Aktion voranzumelden; ggf. sollten Sie auch eine Alternative für alle Fälle überlegen. Wo soll die Arbeit wie durch wen gebunden, geklammert, gelumbeckt usw. werden?

Die folgenden Punkte sollten spätestens eine Woche vor dem Endausdruck Ihrer Arbeit in Angriff genommen werden (am besten einzeln abhaken):

☐ Wurden Literaturverweise im Text und Literaturverzeichnis miteinander abgeglichen? Ein genauer Vergleich zwischen Angaben im laufenden Text und dem Literaturverzeichnis, am besten per Abhaken oder mit gelbem Markierstift ist erforderlich.

☐ Sind alle wörtlichen und sinngemäßen Zitate überprüft? Wurde genau zitiert? Sind alle erforderlichen Angaben vorhanden (Autor, Jahres- und Seitenzahl)?

☐ Sind alle Gliederungspunkte und Überschriften kontrolliert und abgeglichen worden - auch dann, wenn es hierfür automatische Programmroutinen gibt?

☐ Stimmen Überschriften und Seitenangaben des Textes mit denen des Inhaltsverzeichnisses überein?

☐ Sind Abbildungsnummern und -überschriften, Tabellennummern und -überschriften kontrolliert und abgeglichen worden? Befinden sich alle in richtiger Reihenfolge? Entsprechen die direkt bei den Abbildungen, Tabellen usw. stehenden Überschriften - auch mit Seitenzahlen - genau den Angaben in den entsprechenden Verzeichnissen?

☐ Stimmen interne Kapitelverweise?

☐ Wurde der Text zwei- oder dreimal auf Rechtschreibung und Zeichensetzung hin Korrektur gelesen (darunter mindestens einmal von einer anderen Person)? Korrekturlesen ist auch dann erforderlich, wenn ein Rechtschreibprogramm des Computers über den Text geschickt worden ist.

☐ Stimmen alle Formatierungen?

☐ Haben Sie die Schlußerklärung („Hiermit erkläre ich, daß...", siehe vorgegebener Text; Kap. 4.3.11) geschrieben, Ihrer Arbeit beigefügt und in allen Abgabeexemplaren original unterschrieben?

Bevor Sie Ihr ausgedrucktes bzw. kopiertes Exemplar der Abschlußarbeit binden (oder heften, lumbecken usw.) lassen, schauen Sie noch ein letztes Mal intensiv Seite für Seite durch - soviel Zeit muß unbedingt noch immer sein! Sie ahnen nicht, welche Pannen sich selbst unmittelbar vor dem Binden (immer noch besser als direkt vor der Abgabe!) einschleichen können: falsche oder vertauschte Seiten, falsch numerierte Kapitel, im Text, Tabellen oder Abbildungen zitierte, doch nicht in das Literaturverzeichnis aufgenommene Literatur, fehlende Abbildungsüberschriften, fehlende Quellenangaben bei Karten und Statistiken, Abweichungen von Überschriften zwischen Kapiteln und Inhaltsverzeichnis, Schreibfehler in Kapitelüberschriften oder gar im Titel ...!

Folgende Zusammenstellung sollte im allerletzten Durchgang per Abhaken kontrolliert werden.

☐ Stimmen Reihenfolge und Numerierung der Kapitel?

☐ Sind alle Seiten vorhanden (Seiten vollständig durchzählen)?

☐ Befinden sich alle Seiten in richtiger Reihenfolge?

☐ Sind alle Abbildungen, Karten, Statistiken an richtiger Stelle eingeklebt oder eingefügt?

Ein letzter Korrekturdurchgang kann auch dann von Ihnen noch durchgenommen werden, wenn Ihre Arbeit schon beim Binden ist: Kleinere Fehler dürfen auch ganz zum Schluß unmittelbar vor Abgabe noch mit Hilfe von Tippex oder Überklebungen eingefügt werden, müssen dann allerdings in allen Abgabeexemplaren identisch von Hand vorgenommen werden.

5 Klausur

In der Klausur wird von Ihnen eine Prüfungsleistung erwartet, bei der Sie zeigen sollen, daß Sie in der Lage sind, zu einer Ihnen vorher nicht bekannten Problemstellung des Faches angemessen umfangreich und detailliert unter Zeitdruck Stellung zu beziehen. Dabei sind alle wichtigen Einflußgrößen sowie erläuternde Details systematisch-geordnet und folgerichtig-aufbauend in einem geschlossenen Gedankengang und allein aus Ihrem präsenten Wissen heraus schriftlich darzulegen. Soweit eine recht abstrakte, allgemein gültige Formulierung der Erwartungen, die die Prüfer an Sie stellen, eine Formulierung, die Sie vielleicht erst einmal blaß werden läßt. Für das Diplom in Bonn wurde in der Sprache der Prüfungsordnung formuliert:

„In der Klausurarbeit soll der Kandidat nachweisen, daß er in begrenzter Zeit und mit begrenzten Hilfsmitteln ein Problem mit den geläufigen Methoden seines Faches erkennen und Wege zu einer Lösung finden kann." (Diplomprüfungsordnung vom 17.7.1985).

Unter Beschränkung auf das Wesentliche und bei Nachordnung von unwesentlicheren Einzelheiten zählen bei dieser Prüfungsleistung Präsenz des Wissens ebenso wie die Fähigkeit zu klarer schriftlicher Darstellung als Qualifikationsmerkmal - was späteren beruflichen Realitäten sehr nahekommen kann. Die Formulierung von Klausurthemen bringt auch Verpflichtungen für die Prüfer mit sich. Für die Staatsexamensklausur in Bonn heißt es:

„Die Aufgaben sind so zu stellen, daß bei der Bearbeitung grundlegende Kenntnisse von Gegenständen und Methoden des Faches nachgewiesen werden können sowie die Fähigkeit, Wissen im Sinne der gestellten Aufgabe anzuwenden. Die Anforderungen sind so zu bemessen, daß sie bei normaler fachlicher Leistungsfähigkeit in der festgesetzten Arbeitszeit erfüllt werden können. Die Absprache über bestimmte Themen oder Aufgaben zwischen Prüferinnen oder Prüfern und Prüflingen ist nicht zulässig" (LPO § 18, Abs. 2).

Analoge Formulierungen finden sich in zahlreichen Prüfungsordnungen, und dies mag Sie etwas beruhigen.

5.1 Bestimmungen in den Prüfungsordnungen

Wie Sie an den Zitaten sehen, wird das Wesentliche wieder einmal in Prüfungsordnungen festgelegt. Die meisten Prüfungsordnungen sehen für das

Examen jenseits der Abschlußarbeit zwei Leistungen vor, eine schriftliche Leistung (ein oder zwei Klausuren von normalerweise vier Stunden Bearbeitungsdauer) sowie eine mündliche Prüfung (im Hauptfach zumeist eine Stunde). Die Regelungen für die Klausur variieren zwischen Zentralklausuren für das ganze Bundesland (Staatsexamen in Bayern) und Individualklausuren, die für jeden Kandidaten individuell formuliert werden (einige Diplomprüfungsordnungen). Es ist üblich, daß mehrere Aufgaben (die Zahl wird in der Prüfungsordnung geregelt) vorgelegt werden; Sie wählen dann eines der zur Wahl gestellten Themen zur Bearbeitung aus. Natürlich sollen die Klausurthemen auf Inhalte Bezug nehmen, die in Studienordnungen und –plänen des Faches genannt werden. Dies soll Ihnen Sicherheit geben: Richtig studiert zu haben, ist die wichtigste Voraussetzung für ein gelungenes Examen.

Zahlreiche Prüfungsordnungen legen zudem fest, daß die Klausurthemen Schwerpunktgebieten oder Rahmenthemen zuzuordnen sind. Damit wissen Sie bereits die großen Teilgebiete der Geographie, aus denen die Klausurthemen kommen werden; denn die Rahmenthemen müssen rechtzeitig, nach der Lehramtsprüfungsordnung in Baden-Württemberg etwa sechs Monate vor dem Klausurtermin, bekannt gegeben werden.

In Aachen kennt die Magisterprüfungsordnung sowohl für das Haupt- als auch für das Nebenfach Geographie eine Examensklausur, die Magisterprüfungsordnung (M.A.) in Freiburg dagegen nur für das Hauptfach. Die Diplomprüfungsordnung in Bochum sieht zwei Klausuren (aus einer Vertiefungsrichtung innerhalb der Physischen oder der Humangeographie sowie aus dem Bereich ‚Räumliche Analyse und Planung‘) vor, ebenso die Diplomprüfungsordnung Eichstätt (je eine Klausur aus dem Bereich der Allgemeinen und der Regionalen Geographie). Die Lehramtsprüfungsordnung des Landes Niedersachsen kennt eine Klausur, bei der drei Themen zur Auswahl oder mehrere Aufgaben zur Bearbeitung gestellt werden. In der 1998 novellierten Diplomprüfungsordnung von Stuttgart ist eine Bearbeitungszeit von fünf Stunden für die geforderte Klausur vorgesehen. Keine Klausur kennen u.a. die Diplomstudiengänge Geographie in Hannover, Köln und Osnabrück, ferner der Magisterstudiengang (M.A.) in Würzburg und der naturwissenschaftliche Magisterstudiengang (M.Sc.) in Freiburg.

Bei der Diplomprüfung in Bonn werden dem Kandidaten aus seinen gewählten fünf Teilbereichen drei Klausurthemen zur Auswahl gestellt, von denen eines gewählt und innerhalb von vier Stunden bearbeitet werden muß. Ferner heißt es in Bonn für das Staatsexamen: Ein für die Themenstellung der schriftlichen Hausarbeit vorgeschlagener Prüfer kann nicht zur Themenstellung auch der Klausur vorgeschlagen werden. Bei der Diplomprüfung in Heidelberg werden vier Aufgabenkomplexe zur Wahl gestellt, von denen einer in der Interpretation einer topographischen Karte besteht. Die drei anderen werden aus dem Stoff bestimmter Vorlesungen gestellt, die im Vorlesungsverzeichnis vorab gekennzeichnet sind.

Die Prüfungsordnungen regeln noch weitere Eventualitäten bei der Klausur: Ein Täuschungsversuch (Spickzettel und andere unerlaubte Hilfsmittel) führt zu sofortiger Beendigung Ihrer Klausur, die je nach Prüfungsordnung und Notenskala mit „nicht ausreichend (5.0)" oder „ungenügend" (6,0) bewertet wird, und kann sogar eine Strafanzeige wegen vorsätzlicher Täuschung nach sich ziehen. Tritt ein Kandidat die Prüfung ohne triftige Gründe nicht an oder tritt er nach Beginn der Prüfung ohne triftige Gründe von der Prüfung zurück, gilt die Prüfungsleistung ebenfalls als „nicht ausreichend".

5.2 Vorbereitung auf die Klausur

Eigentlich ist ein intensives, gründliches Studium die beste Examensvorbereitung, doch gibt es auch ein paar spezifische Hinweise. Im Prinzip bereiten Sie sich auf eine Klausur in ähnlicher Weise vor wie auf eine mündliche Prüfung: In Ihren Themenschwerpunkten müssen Sie sich kenntnis-, umfang- und detailreich auskennen, dieses Wissen in angemessener Fachterminologie darlegen, entwickeln und begründen und darüber hinaus fachrelevante Querbezüge zu anderen Problemkreisen aufzeigen können. Einige Ratschläge gelten im folgenden daher ebenso für die Klausur wie für die mündliche Prüfung.

Auf der Grundlage gut ausgewählter Literatur sollte Ihr Wissensstand zu einem Themenschwerpunkt derart fundiert sein, daß Sie auch unter großem Zeitdruck in der Lage sind, die wichtigen und für nachgefragte Gefügemuster und Prozesse relevanten Fakten und Zusammenhänge strukturiert darzulegen. Die drei Gesichtspunkte „schnell", „wichtig", „strukturiert" stellen für die meisten Studierenden dabei die schwierigsten Erfordernisse dar, zumal diese Qualifikation während des Studiums - anders als vor dem Abitur - nur noch höchst selten geübt wird. Die Vorbereitung hat sich entsprechend auf vier Dimensionen zu konzentrieren:

- Gewinnung eines umfangreichen und präsenten Wissensfundus
- Beherrschen des Umgangs mit sehr knapper Zeit

- Lernen, eine Fragestellung unter Berücksichtigung der wichtigsten Faktoren klar zu strukturieren (eine gute und durchdachte Gliederung bringt wertvolle Pluspunkte!), und
- Training sprachlicher Sicherheit.

Was ist die Basis, von der Sie Ihr Wissen bzw. zunächst Ihren Lernstoff beziehen können? Natürlich sind die eigenen Mitschriften von Vorlesungen gut für den Einstieg geeignet (vorausgesetzt, Ihre Mitschrift ist gut). In der Vorlesung wurde sicher auch Literatur angegeben – Grundlagenwerke und Lehrbücher ebenso wie aktuelle Untersuchungen. Die jeweilige Instituts-, Fachbereichs- oder Universitätsbibliothek bietet weiteren Lesestoff. Dabei sollten Sie die Zeitschriftenliteratur nicht vergessen; es macht durchaus Spaß, einmal einen Nachmittag lang nur die aktuellen Fachzeitschriften in der Bibliothek durchzusehen. Und es ist auch nicht falsch, sich im Lauf des Studiums wenigstens einen kleinen Handapparat an gängigen Hand- und Lehrbüchern zuzulegen.

Es reicht sicher nicht, Bücher und Zeitschriftenartikel nur zu lesen, selbst wenn dies konzentriert geschieht. Wie Sie Ihre Exzerpte und Notizen am besten organisieren, sollten Sie im Studium gelernt haben: Übersichtliche Exzerpte auf DIN A4-Blättern, die dann systematisch geordnet werden, sind ebenso vorstellbar wie Notizen nach Sachbegriffen, die in einer Kartei Platz finden. Damit können Sie sich Ihr ganz individuelles Lexikon der Geographie anlegen. Natürlich dürfen Sie grundlegende Aufsätze auch kopieren, aber bedenken Sie, daß die Verfügbarkeit von Kopiergeräten dazu verleitet, Kopieren und Lesen zu verwechseln.

Vier Ratschläge hierzu:

(1) Versuchen Sie - evtl. anhand der Inhaltsverzeichnisse von Fachlehrbüchern oder anhand der inneren Gliederung von Fachaufsätzen - die wichtigsten einzelnen Themen- und Problembereiche Ihrer Spezialgebiete bzw. Themenschwerpunkte stichpunktartig aufzulisten und sich dabei darum zu bemühen, möglichst alle Felder abzudecken. Damit haben Sie zunächst einmal einen Überblick gewonnen, die Breite der in Frage kommenden thematischen Inhalte ermittelt und den Horizont Ihrer Lerninhalte abgesteckt. Tragen Sie anschließend schriftlich zu jedem der Einzelpunkte die wichtigsten nachgeordneten Inhalte, ebenfalls stichpunktartig, zusammen. Überlegen Sie sich, welche (thematischen und regionalen) Beispiele zur Erläuterung und zum Belegen der einzelnen Inhalte wichtig sind und genannt werden können. Dies zwingt Sie, immer auf zwei Ebenen zu denken und zu lernen, einerseits der abstrakten Ebene der Fachtermini und Theorien, andererseits auf der konkreten Ebene der Beispiele. Und fragen Sie

sich bei der Durchsicht der Lehrbücher auch: Von welchen Fachautoren wurden welche Inhalte besonders (anhand welcher Beispiele) untersucht? Welches sind zentrale Formeln, wichtige Eckdaten, Größenordnungen, quantitative Dimensionen zu den einzelnen Inhalten, welche Sie zur Erläuterung unbedingt kennen müssen?

(2) Üben Sie vorher, innerhalb knappster Zeit sinnvolle Gliederungen zu Fragestellungen aufzustellen. Geeignet ist ein Vorgehen, bei welchem folgende Punkte berücksichtigt werden: tragende Definitionen, Dimension (Breite, Tiefe, zeitliche und räumliche Erstreckung und Gesellschaftsrelevanz) der Fragestellung oder des erfragten Problems, Behandlung durch führende Fachvertreter, unter Umständen kontroverse Auffassungen, wichtige Einflußfaktoren auf Strukturen und Prozesse, systemhafte Zusammenhänge von Einflußfaktoren, Praxisrelevanz und -lösungsansätze sowie Forschungsdesiderate. Üben Sie doch z.B. einmal, zu den Klausurthemen, welche in Kapitel 5.6 genannt sind, innerhalb von einer halben Stunde fertige Gliederungen zu erstellen - und lassen Sie diese von Kommilitonen beurteilen.

(3) Überlegen Sie sich, welche konkreten, übergeordneten Fragestellungen eingeschlossen sein könnten. Hier wird es wichtig, zwischen Wesentlichem und Nachgeordnetem zu unterscheiden. Üben Sie dann anhand kleinerer eigener Probeklausuren die Strukturierung von Fragestellungen. Üben Sie, sich mit angemessener Fachterminologie auszudrücken, prägen Sie sich gezielt Formulierungen ein. Wichtig: Lassen Sie diese Probeklausuren von Kommilitonen gegenlesen und achten Sie vor allem darauf, ob Sie wirklich die Themenstellung beachtet und nicht „dank" zu vielen Wissens am Ende gar am Thema vorbeischreiben.

(4) Legen Sie sich ein Repertoire ganz konkreter Angaben, Daten und Beispiele an, die Sie als Belege für bestimmte Phänomene und Prozesse einschieben können.

Völlig sinnlos ist es hingegen, fertig formulierte Klausuren zu Themen, mit denen Sie meinen rechnen zu können, auswendig zu lernen. Sie riskieren, daß Sie allein schon bei leicht geänderter Fragerichtung blockiert sind und am Thema vorbeischreiben.

Bevor Sie sich auf den Weg zur Klausur machen, gehört ein *final check* einigen Äußerlichkeiten: Haben Sie Personalausweis, Uhr, Stifte, Lineal, Geodreieck, ggf. Ersatzpatronen, Taschentücher, Essen, Trinken usw. mitgenommen? Darf ein Atlas benutzt werden? Wird dieser gestellt oder dürfen Sie Ihren eigenen Schulatlas (unpräpariert! Überprüfen Sie dies sicherheitshalber) mitnehmen?

Nochmals zusammengefaßt: Haben Sie in der Vorbereitungsphase alles bedacht?

☐ Beachtung der Rahmenthemen,
☐ Durchsicht der Lehrbücher zur Gewinnung eines Überblicks,
☐ Erarbeitung des Stoffgebiets mit Lehrbuch, Atlas und Beispielen,
☐ Karteninterpretation: Bearbeitung von Übungsblättern und
☐ Teamarbeit bei der Vorbereitung.

5.3 Zum Ablauf der Klausur

Sie brauchen also in der Regel nur Stifte (am besten in mehreren Farben) und Geodreieck/Lineal als „Werkzeuge" zur Klausur mitzubringen. Die Diplomprüfungsordnung in Stuttgart legt fest, daß die zugelassenen Hilfsmittel spätestens eine Woche vor der Prüfung durch Anschlag bekanntgegeben werden (Diplomprüfungsordnung Geographie, Stuttgart, von 1998, § 13); analoge Regelungen sind auch anderswo üblich.

Auf einem Anschlag des Prüfungsamts oder des Instituts wird angegeben, in welchem Raum die Klausur stattfindet. Dort sollten Sie sich rechtzeitig einfinden (Zugverspätung, Autobahnstau usw. einkalkulieren!). Im Klausurraum wird Ihnen oft ein fester Platz zugeteilt. Möglicherweise müssen Sie sich ausweisen (in anderen Fächern soll es schon vorgekommen sein, daß „Ersatzleute" gegen Bezahlung die Klausur geschrieben haben...), daher sollten Sie Ihren Personalausweis oder ein anderes Personaldokument nicht vergessen.

Beim offiziellen Beginn werden Ihnen die Aufgabenblätter und die Klausurbögen (bisweilen getrennt nach Entwurf- und Reinschriftbögen) ausgeteilt, anderes Papier darf nicht verwendet werden, wenn es nicht ausdrücklich angesagt wird. Lassen Sie sich vor allem durch das fast Rituelle und Zeremonielle, das mit jeder Prüfung verbunden ist, nicht aus der Ruhe bringen. In der heutigen Sprache: Nehmen Sie es cool.

Den Raum, in dem die Klausur stattfindet, dürfen Sie nur für den Gang zur Toilette, nicht für eine Zigarettenpause verlassen. Dabei wird von der die Aufsicht führenden Person im Protokoll die Zeit festgehalten, in der Sie sich nicht im Klausurraum befanden. Daß im Klausurraum Rauchen und Reden untersagt sind, versteht sich wohl von selbst. Auch die Kontaktaufnahme zu Personen außerhalb des Prüfungsraumes, Telefongespräche und das Verlassen des

Universitätsgebäudes, in dem die Klausur stattfindet, gelten als grobe Verstöße, die zum Ausschluß von der weiteren Prüfung führen können.

Sollten Sie bei der Bearbeitung Ihres Themas merken, daß das Papier knapp wird, können Sie selbstverständlich weitere Bögen bei der Klausuraufsicht anfordern. Vergessen Sie nicht, auch auf diesen Bögen Ihren Namen zu vermerken! Es gilt, was Sie auf die Reinschriftbögen schreiben. Ob ein Gedanke, den Sie zunächst im Konzept entwickelt haben, dann aber nicht mehr in die Reinschrift übertragen konnten, bei der Bewertung berücksichtigt wird, hängt selbst dann, wenn Sie die Passage im Konzept als „Reinschrift" deklarieren, vom Wohlwollen des Korrektors ab; ein Anspruch auf Anerkennung der Textpassage besteht nicht. Die Billigkeit spricht aber dafür, daß eine etwas aufwendigere Skizze, mit der Sie Ihren Text erläutern wollen und die Sie zunächst auf Konzeptpapier entworfen haben, Berücksichtigung findet, wenn eindeutig auf sie verwiesen wird.

Sollte es Ihnen tatsächlich aus gesundheitlichen Gründen unmöglich sein, zur Klausur zu kommen oder – wegen einer plötzlich auftretenden Erkrankung, was außerordentlich selten vorkommen mag – eine bereits begonnene Klausur zu Ende zu führen, müssen Sie unverzüglich ein ärztliches Attest vorlegen. Das Prüfungsamt kann im Zweifelsfall eine amtsärztliche Untersuchung fordern.

5.4 Zeitmanagement

Auch für einen Klausurzeitraum von vier oder fünf Stunden ist ein sorgfältiges Zeitmanagement erforderlich, damit der Zeitdruck kurz vor Abgabe nicht zu groß wird und damit Sie Ihre Klausur etwas weniger gehetzt abschließen können. Dazu ein konkreter Vorschlag für eine vierstündige Klausur:

- 10 Minuten Vergleich der Themen bis zur Entscheidung für ein Thema
- 40 - 50 Minuten Notieren von Ideen (*brain storming*), Gedanken, Fakten, die leicht beim Schreiben in Vergessenheit geraten könnten, Konzipieren der wichtigsten Leitgedanken, Erarbeiten einer straff gegliederten Struktur (= Disposition); bei der Karteninterpretation strukturiertes Lesen der Karte mit Unterstreichungen, farbigen Markierungen usw.
- 160 - 170 Minuten Niederschrift

- 20 Minuten Durchsicht und Endkontrolle (inkl. eigenen Namen auf alle Klausurbögen schreiben)

Stehen Ihnen fünf Zeitstunden zur Verfügung, dürfen Sie bei allen Schritten proportional etwas Zeit hinzufügen, bei einer Klausurdauer von nur drei Stunden müssen Sie entsprechend kürzen. Wenn Sie wissen, daß Ihnen das schriftliche Formulieren etwas schwerer fällt, sollten Sie die Zeit für das *brain storming* zugunsten der Niederschrift um 10 bis 20 Minuten verkürzen. Es ist sehr sinnvoll, sich zusammen mit der Gliederung eine recht genaue Zeiteinteilung zu überlegen: Wieviele Minuten dürfen für das Schreiben der einzelnen Abschnitte veranschlagt werden? Auf diese Weise verhindern Sie, daß - wie leider bei vielen Klausurarbeiten passierend - eine abschließende eigene Stellungnahme, eine gegenüberstellende oder vergleichende beurteilende Gesamtschau oder ein kritisches Fazit in Ihrer Klausur fehlen. Ein offenes Auslaufen ohne Abschluß, einige unter großem Zeitdruck offensichtlich flüchtig und wenig bedachte Schlußsätze oder gar eine ungeordnete Stichwortsammlung am Ende einer Klausur bringen in der Regel klare Minuspunkte!

An den spätest möglichen Abgabezeitpunkt werden Sie wohl meistens rechtzeitig erinnert, sonst schreiben Sie sich die Abgabezeit gleich am Anfang groß und deutlich auf ein Blatt Konzeptpapier. Teilen Sie sich Ihre Zeit so ein, daß Ihnen das letzte Klausurblatt nicht aus den Händen gerissen wird. Sie brauchen aber auch nicht das Gefühl zu haben, Zeit zu verschenken, wenn Sie die Klausurarbeit ausformuliert und durchgelesen haben und bereits fünf Minuten vor dem definitiven Ende abgeben. Die letzten 10-15 Minuten sollten Sie das Geschriebene nochmals aufmerksam durchlesen. In der Aufregung macht man immer wieder ärgerliche Flüchtigkeitsfehler, die sich leicht ausmerzen lassen.

Nochmals: Am Tag der Klausur ist zu bedenken:

- ☐ Mitzunehmen: Lineal, Geodreieck, Stifte, Uhr, Essen und Trinken, Taschentücher
- ☐ *brain storming* und Ideenskizze vor der Niederschrift
- ☐ genauen abschnittsweisen Zeitplan einhalten
- ☐ Formalia beachten
- ☐ Namen auf alle Klausur- und Konzeptbögen
- ☐ Zeitpunkt für die Abgabe beachten
- ☐ Krank? Dann unbedingt sofort ärztliches Attest besorgen

5.5 Formalia

Auch für Klausuren gelten einige formale Aspekte: Sie können Ihren Prüfer von vornherein verärgern, wenn Sie völlig unleserlich schreiben und keinen Korrekturrand einhalten. Die Bestimmungen für die Staatsexamensklausur in Baden-Württemberg sehen u.a. vor, daß Arbeiten oder Teile von Arbeiten, die bei zumutbarer Anstrengung nicht lesbar sind, nicht bewertet werden, also als nicht geschrieben gelten. Fassen Sie die Klausurarbeit als einen Aufsatz auf, wie Sie es in der Schule gelernt haben: Geben Sie dem Aufsatz (und damit Ihren Gedanken) eine klare Struktur, beachten Sie das Thema und gliedern Sie Ihre Ausführungen - über die simple Grundgliederung in Einleitung, Hauptteil und Schluß (die Sie wie in der Abschlußarbeit aber nicht mit diesen Begriffen bezeichnen sollten) hinaus in einzelne inhaltliche Themenbereiche mit sinnvollen Zwischenüberschriften. Daß diese durch eine Leerzeile vom vorangehenden Text abgesetzt und ggf. durch Unterstreichung hervorgehoben werden, sollte selbstverständlich sein und gilt nicht als Papierverschwendung. Es ist möglich, aber nicht zwingend notwendig, Ihrer Klausur eine Gliederung voranzustellen, deren Überschriften auch den laufenden Text gliedern. Mit graphischen Erläuterungen dürfen Sie selbstverständlich arbeiten, und jeder Prüfer wird Verständnis dafür haben, wenn Skizzen vereinfacht, Topographie leicht verzerrt und Striche nicht immer exakt gerade erscheinen. Übrigens: Auch bei Klausuraufsätzen gelten die Regeln der Orthographie und Zeichensetzung ...

5.6 Inhaltliche Fragen

Entsprechend den am Beginn dieses Kapitels genannten Zielen einer Klausur sollten Sie besonders darauf achten, die Themenstellung von ihren fachbezogenen Dimensionen her richtig zu erfassen, einführend kurz weitgefächert zu umreißen, anschließend begründet wichtige Schwerpunkte zu setzen und diese anhand ausgewählter Beispiele auf Wesentliches beschränkt auszuführen. Definieren Sie dabei zunächst zentrale Begriffe der Fragestellung und Ihrer Überlegungen. Auf der Grundlage fachkundiger zusammenfassender Beschreibungen und gezielt eingebundener Beispiele sollen Fragestellungen in den weiteren Fachzusammenhang gestellt und Aussagen einer abwägenden Überprüfung unterzogen werden. Eigene Bewertungen und Urteile sind

- wenn möglich - ebenso wichtig wie klare Charakterisierungen, kontrastierende Gegenüberstellungen und die Darlegung von Widersprüchen und divergierenden Lehrmeinungen.

Achten Sie beim Formulieren der Klausur auf das Einbringen klarer Definitionen und den Gebrauch der Fachterminologie, auf ein präzises, korrekte Fachterminologie einbeziehendes Sprachniveau und einen ansonsten möglichst klaren, flüssigen Schreibstil. Vermeiden Sie saloppe, allzu lockere Formulierungen. Weitschweifigkeit ist oft ein Zeichen mangelnder Kompetenz und geringer Vorbereitung, da sie zumeist allzu offensichtlich Wissens- und Kenntnislücken zu überdecken versucht.

Welche Themen können Ihnen vorgelegt werden? Für Klausuren werden in der Regel umfassend-allgemeinere Fragen gestellt, manchmal auch etwas speziellere Themen formuliert, die in sehr unterschiedlicher Weise beantwortet werden können. Beispiele für Themenformulierungen könnten sein:

- „Verbreitung und Genese der tropischen Monsune"
- „Küsten: Genese, Typisierung und ihre Bedeutung für den Menschen"
- „Das Problem der Stabilität oder Instabilität tropischer Ökosysteme"
- „Höhenstufung der Vegetation in europäischen Hochgebirgen"
- „Das El Niño-Phänomen"
- „Ethno-Nationalismus in Europa aus Sicht der Politischen Geographie"
- „Chancen moderner Berglandwirtschaft in den Alpen"
- „Stand und Entwicklungsprobleme der Industrialisierung in Südostasien"
- „Das Modell des demographischen Übergangs - Theoretische Grundüberlegungen und konkrete Beispiele"
- „Gender and Geography - Zur Entwicklung und Differenzierung feministischer und frauenbezogener Geographie"
- „Worin bestehen die Schwierigkeiten und Chancen des Ruhrgebiets, als Wirtschafts- und Lebensraum einen neuen Aufschwung zu schaffen?"
- „Die Bedeutung produktionsorientierter Dienstleistungen und sog. weicher Standortfaktoren für die industrielle Produktion"
- „Wie läßt sich die heutige ungleiche Bevölkerungsverteilung in Australien erklären? Erläutern Sie die natürlichen, historischen und wirtschaftlichen Hintergründe."
- „Beschreiben und begründen Sie moderne Stadtmarketingkonzepte. Welches sind die Ziele und wichtigsten Merkmale?"
- „Der Wandel der Wirtschaft vom Fordismus zum Postfordismus. Welches sind die Voraussetzungen und Folgen dieses Überganges?"

Sie merken: Sehr häufig erhalten Sie die Chance, ein allgemein formuliertes Thema mit konkreten Beispielen Ihrer Wahl zu unterfüttern und dadurch anschaulich zu machen. Bisweilen werden Sie durch die Themenstellung sogar dazu aufgefordert, Ihre Aussagen an Beispielen zu verdeutlichen. Dies bietet Ihnen die Chance, Detailwissen einzuarbeiten, das gar nicht flächendeckend vorhanden sein kann, sondern immer fragmentarisch bleiben muß. Sie können außerdem zeigen, daß Sie das Allgemeine vom Besonderen zu trennen verstehen.

Wie hoch sollen die Anteile an Deskription, analytischem Vergleich, Beurteilung und Ausblick sein? Die Frage ist schwer zu beantworten, weil sie sich jenseits theoretischer Wunschdenkens (natürlich möglichst viel Analyse, Beurteilung und Vergleich, ohne dabei jedoch die kurze und präzise Darstellung zu vergessen) immer auch nach dem Thema und Ihren persönlichen Fähigkeiten richtet. Sie sollten sich zumindest über die jeweiligen Anteile bei der Vorbereitung, spätestens aber bei Erstellung der Gliederung für die Klausur Gedanken machen.

Bei der Karteninterpretation wird in der Regel eine gleichermaßen angemessene Berücksichtigung von physisch- und kulturgeographischen Inhalten erwartet. Allerdings kann auch eine sehr deutliche Gewichtung sinnvoll sein oder gar von der Themenstellung der Aufgabe verlangt werden: Wenn aus einem Kartenblatt eine Großstadt mit ihren Außenbezirken, mit dem suburbanen Raum und vielleicht etwas ländlicher Peripherie abgebildet ist, während Reliefdetails deutlich zurücktreten, ist es sicher sinnvoll, von der Standardgliederung abzuweichen, nach der zunächst der Naturraum, dann die kulturgeographischen Inhalte dargestellt werden. Andererseits kann ein Gebirgsblatt, bei dem ein sehr differenzierter Formenschatz erkennbar ist, während die Siedlungen zurücktreten und Landnutzung sich auf Wald, Acker- und Grünland beschränkt, schwerpunktmäßig im Hinblick auf den Naturraum mit dem Relief und seiner Entstehung interpretiert werden. In beiden Fällen sollten Sie daran denken, daß eine lange Aufzählung von Einzelformen des Reliefs - jeweils mit Angaben der Rechts- und Hochwerte - oder der Versuch vollständiger Beschreibung eines Verkehrsnetzes ohne weiterführende Gedanken zu Vernetzung und räumlicher Verflechtung nur eine bescheidene Leistung darstellt, unverhältnismäßig viel Zeit beansprucht und wahrscheinlich im Endeffekt Sie selbst auch nicht befriedigt. Eine phrasenhafte Auflistung von Vorgängen, die sich in dem dargestellten Raum Ihrer Meinung nach abspielen müßten, ohne konkrete Belege aus der Karte geht auch an der Sache vorbei.

Bei einzelnen Themen kann es sinnvoll sein, Sachverhalte mit Übersichtszeichnungen, Schemata oder Skizzen zu verdeutlichen, die dann im Text jedoch erläutert werden müssen. Gute erläuternde Skizzen bringen Pluspunkte! Auch Literatur (Autorennamen, Vertreter bestimmter „Schulen") kann genannt werden. Ausnahmsweise dürfen Sie dabei auf das vollständige Zitat verzichten, wenn Sie den Hinweis auf Literatur eindeutig formulieren können („Hofmeister in seiner vergleichenden Darstellung von Stadtstrukturmodellen in Kulturerdteilen ..."; „Weischet in der allgemeinen physikalischen Ableitung von Vorgängen in der Atmosphäre ..."). Die Autoren sollten aber richtig geschrieben werden - nicht „Bobeck" oder „Schmidthüsen".

5.7 Korrektur und Benotung der Klausur

Bei Themenstellung, Maßstäben und Beurteilung von Klausuren bestehen sicher einige Unterschiede und jeweils andere Vorstellungen zu Schwerpunkten zwischen verschiedenen Prüfern, doch sollten Sie sich davon nicht beeinflussen lassen. Entscheidend ist, daß Sie Ihr Thema sinnvoll gliedern, Kernbegriffe kurz definieren, begründend und unter Zuhilfenahme von geeigneten Beispielen darstellen und zu einem beurteilenden Abschluß (Schlußfolgerungen, Ausblick, ggf. Forschungsdefizite) finden.

Klausuren werden zumeist von zwei Hochschullehrern korrigiert und bewertet. Einige wenige Prüfungsordnungen sehen Ausnahmen vor, wenn in kleinen Instituten nicht genügend Prüfende zur Verfügung stehen oder doppelte Korrekturen eine unzumutbare Zusatzbelastung neben anderen Dienstaufgaben wären (Diplomprüfungsordnung Osnabrück § 5(3)). Die Kandidaten erfahren dies bereits bei der Meldung zur Prüfung. Einige Prüfungsordnungen regeln auch, in welchem Zeitraum die Bewertung erfolgen muß (in Osnabrück binnen vier Wochen) und wann die Kandidaten das Ergebnis erfahren.

Bei der Bewertung von Klausuren können Diskrepanzen zwischen den Noten auftreten, die die Prüfer geben. Die Gesamtnote für die Klausur berechnet sich dann meist als arithmetisches Mittel der beiden Einzelbewertungen. Bei starkem Abweichen der beiden Bewertungen voneinander, insbesondere, wenn ein Prüfer eine ausreichende Note, der andere eine nicht ausreichende vergibt, wird häufig nach einem in der Prüfungsordnung geregelten Verfahren eine Drittkorrektur vorgenommen oder eine Entscheidung über die Note getroffen, die im Ernstfall auch zwischen ‚ausreichend' und ‚nicht ausreichend' entscheidet.

Folgende Kriterien fließen in eine Bewertung und Benotung der Klausur ein:
- Erfassung, Strukturierung und Beantwortung der Fragestellung
- sinnvolle, vollständige Gliederung
- Verwendung der Fachterminologie
- Hintergrund- und Detailwissen, auf welchem Niveau vorhanden?
- schlüssige, folgerichtige Darlegung von Sachverhalten, Zusammenhängen und Gedanken
- Herleiten, Erkennen und Begründen von Zusammenhängen
- Niveau der Darlegung, Argumentation und Beurteilung sowie
- Gesamteindruck: Ausgewogenheit von Thema, Inhalt, Gliederung, Kritik und Urteil.

Natürlich gibt es bei der Benotung von Klausuren, die im Haupt- oder Neben- bzw. Beifach angefertigt werden, Unterschiede, obwohl diese schwer zu definieren sind. Bei Studierenden im Neben- oder Beifach wird ein etwas gröberer Kenntnisraster als bei Hauptfachstudierenden akzeptiert, und auch die zur Interpretation vorgelegten Kartenblätter sind vielleicht etwas „leichter".

Die Universitäten Bayerns kennen für das Staatsexamen eine Zentralklausur. Klausurthemen sollen von Hochschullehrern aller Geographischen Institute des Freistaats bei der zuständigen Ministerialbehörde in München eingereicht werden. Dort wird von einer speziellen Kommission eine Auswahl getroffen, die die Klausurthemen für den jeweiligen Prüfungstermin festlegt. Die Erst- korrektur wird von demjenigen Hochschullehrer vorgenommen, der für das gewählte Thema verantwortlich zeichnet, der also vielleicht sogar an einer an- deren bayerischen Hochschule lehrt. Dadurch soll eine einheitliche Benotung aller Klausuren zu einem bestimmten Thema sichergestellt werden.

5.8 Klausur ‚versiebt' – was nun?

Es ist nie auszuschließen, daß die abgegebene Klausur nicht den Erwartungen entspricht – weder Ihren noch denen der Prüfer. Vergessen Sie aber nicht, daß etwa bereits eine gründliche Beschreibung wesentlicher Inhalte einer zur In- terpretation vorgelegten Karte meist ein ausreichendes Ergebnis bringt. Schwieriger ist es vielleicht bei thematischen Klausuren, das Mindestmaß zu erreichen. Zwar gibt es Korrektoren, die zunächst jede richtige Aussage be- werten, bisweilen sogar, wenn sie nicht zum unmittelbaren, sondern nur zum weiteren Umkreis der Themenstellung gehört. Aber die Gefahr, an einem gegebenen Thema vorbeizuschreiben, weil man sich gerade mit einem inhaltlich benachbarten Bereich befaßt hat, besteht dennoch. Nach der jetzt noch gültigen Prüfungsordnung für das Lehramt in Baden-Württemberg beispielsweise ist die gesamte Prüfung nur dann bereits mit der Klausur beendet, wenn diese mit der Note ‚mangelhaft bis ungenügend' (5,5) oder ‚ungenügend' (6,0) bewertet wird. So weit abzusinken ist gar nicht einfach: Einige richtige Gedanken, die zwar unvollständig sind, aber erkennen lassen, daß Ihnen der Themenbereich nicht vollständig unbekannt ist, können bereits zur Note ‚mangelhaft' (5,0) führen und Ihnen die Fortführung der Prüfung erlauben. In der mündlichen Prüfung können Sie die Scharte der Klausur dann auswetzen; allerdings darf die Gesamtnote, die sich nach einem in der Prüfungsordnung festgelegten Verhältnis aus der Note für die Klausur und der Note für die mündliche Prüfung berechnet, nicht unter 4,0 liegen. Für außerordentlich riskant halten wir die Entscheidung, ein leeres Blatt abzugeben, um die Note „ungenügend" einzuhandeln, nur weil die Klausurthemen nicht zusagen und man beim nächsten Termin (d.h. bei der Wiederholungsprüfung - wenn sie denn laut Prüfungsordnung eingeräumt wird) auf „bessere" Themen hofft.

Unerlaubte Täuschungsmanöver, die aufgedeckt werden, führen – wie schon ausgeführt - sofort zu einer Bewertung ‚ungenügend' und in der Regel auch zum Ausschluß von der weiteren Prüfung; hierüber entscheidet das zuständige Prüfungsamt.

Und wenn es nun doch eine „ehrliche 6" ist? Dann sollten Sie Nutzen aus dem Debakel ziehen, weil Ihnen doch deutlich gezeigt wurde, wo Ihre Grenzen sind. Die Ursachen mögen sehr unterschiedlich sein (fehlende Konzentrationsfähigkeit oder totaler *black out* gerade am Klausurtag; absolut fehlende Kenntnisse; Unfähigkeit, Gedanken strukturiert und in angemessener sprachlicher Form auszudrücken; eine Blockade beim Anblick des leeres Blattes Papier ...), sie sind aber sehr ernst zu nehmen. Möglicherweise reicht dann sogar ein Gespräch mit dem Prüfer nicht aus, um die Defizite zu klären, sondern es muß nach tiefer liegenden, meist psychischen Ursachen gesucht werden. Scheuen Sie sich in diesem Fall nicht, eine entsprechende Beratungsstelle aufzusuchen.

Auch nach einem vollständigen Reinfall müssen Sie einen Moment abschalten. Versuchen Sie nicht, sofort am folgenden Tag die Vorbereitung auf den zweiten Prüfungsversuch zu beginnen, sondern spannen Sie ein paar Tage aus. Danach wird es Ihnen leichter fallen, wieder ans Lernen zu gehen! Und damit verbessern sich sprunghaft Ihre Chancen, beim zweiten Versuch Erfolg zu haben.

6 Mündliche Prüfung

Ziel der mündlichen Prüfung ist es, gestellte Fragen in möglichst kurzer Form ebenso inhaltlich-präzise wie kenntnisreich und terminologisch angemessen zu beantworten. Ferner ist es gefordert, zu Aussagen und Thesen erläuternd-kritisch Stellung zu nehmen, Sachverhalte zu skizzieren und Abbildungen zu deuten, herzuleiten und zu interpretieren. Gegenstand sind fachwissenschaftliche theoretische und empirische Grundlagen sowie Spezialwissen inhaltlicher (Allgemeine Geographie), regionaler (Regionale Geographie), methodischer und anwendungsorientierter Art. Besonderer Wert wird auf die knappe Darstellung und Erklärung von Sachverhalten, Zusammenhängen, Vergleichen und Transferleistungen, auf exemplarische Erläuterung und kritische Beurteilungen gelegt. Auch hier wie bei der Klausur zunächst ein hoher Anspruch, dem Sie gerecht werden möchten!

Die mündliche Prüfung bereitet normalerweise deshalb besondere Probleme, weil Sie unmittelbar und ohne lange Überlegung angemessen reagieren müssen. Ihre Unsicherheit ist oft auch deshalb recht groß, weil man sich den Ablauf einer mündlichen Prüfung vorher schwer vorstellen und schlecht trainieren kann. Natürlich sind nicht alle Details zu schildern, weil jede Prüfung individuell verläuft.

6.1 Vorgaben in den Prüfungsordnungen

Zumeist dauert eine mündliche Hauptfachprüfung etwa 60 Minuten, eine Nebenfachprüfung 30 oder 45 Minuten. Die Diplomprüfungsordnungen in Bonn (seit 1996), Köln und Trier sowie die Magisterprüfungsordnung in Düsseldorf reduzieren die Dauer der Hauptfachprüfung auf 45 Minuten. Dagegen sieht die Diplomprüfungsordnung in Gießen im Hauptfach eine Prüfungsdauer von 120 bis 160 Minuten, in den Nebenfächern von 40 bis 60 Minuten vor. Die Prüfungsordnungen legen auch fest, inwieweit (Teil-)Prüfungen an unterschiedlichen Terminen abgelegt werden können. Die mündlichen Prüfungen werden entweder durch einen Prüfer und einen Beisitzer oder aber als Kollegialprüfung von meist zwei Prüfern abgenommen, und zwar nach den meisten Prüfungsordnungen als Einzelprüfungen. Für die Lehramtsprüfung in

Niedersachsen sind prinzipiell Gruppenprüfungen mit bis zu drei Kandidaten möglich, wobei das jeweilige Fach spezifische Regelungen treffen kann. Dabei müssen die wesentlichen Gegenstände und Ergebnisse der Prüfungen in einem Protokoll festgehalten werden; die Ergebnisse der einzelnen Prüfungen werden dem Kandidaten jeweils im Anschluß an die mündliche Prüfung und die Beratung der Prüfer mitgeteilt.

Die Prüfungstermine werden durch das zuständige Prüfungsamt bekanntgegeben; ein Aushang an zentraler Stelle oder im betreffenden Institut genügt der Bekanntmachungspflicht. Zwei unterschiedliche Verfahren haben sich bei der Festlegung der Prüfungstermine herausgebildet:

(a) Vor allem bei Prüfungen, zu denen sich in jedem Semester eine größere Zahl an Kandidaten meldet, wird ein Prüfungszeitraum von etwa vier bis sechs Wochen festgelegt, in dem alle gleichartigen Prüfungen stattzufinden haben, wobei die individuellen Prüfungstermine entweder vom Prüfungsamt festgelegt oder zwischen Prüfern und Kandidaten vereinbart werden.

(b) Bei Prüfungen, bei denen die Zahl der Kandidaten relativ gering ist, werden Einzeltermine vereinbart; die Prüfungsordnung kann dann sogar vorsehen, daß Prüfungen – nach Maßgabe der Verfügbarkeit der Prüfer – auch in der vorlesungsfreien Zeit stattfinden (so in der Diplomprüfungsordnung von Mainz).

Wenn Sie die Formulierung der inhaltlichen Anforderungen lesen, können Sie leicht den Eindruck gewinnen, daß Sie eigentlich alles wissen müssen, was mit Geographie zu tun hat. Dieser Eindruck ist auch nicht ganz falsch; denn schließlich wird von Ihnen außer einem guten Fundus an Wissensstoff auch die Fähigkeit erwartet, die Einzelfakten über die Grenzen der geographischen Teildisziplinen hinweg zu verknüpfen, und diese erfordert tatsächlich einen umfassenden Überblick (aber vergessen Sie nicht: Das Geographiestudium ist in der Regel auf einen solchen Gesamtüberblick angelegt!).

Neuere Studiengänge bemühen sich bisweilen um spezifischere Anforderungen, doch wird der umfassende Charakter des Faches auch dort deutlich. Die Prüfungsordnung für den M.Sc. (Magister Scientiarum) in Freiburg sieht beispielsweise als Anforderungen für die mündliche Prüfung vor:

„Hauptfach

(1) Überblick über wissenschaftstheoretische Grundlagen und Modellbildungen der Geographie und der Umweltforschung. Gründliche Kenntnis von Untersuchungsmethoden und Darstellungsmitteln der Allgemeinen Physischen, der Angewandten Physischen und der Regionalen Geographie.

(2) Überblick über Phänomene und Systeme des Naturhaushaltes unter dem Schwerpunkt der Auswirkungen und Folgen menschlichen Handelns. Überblick über

Grundlagen und Methoden der Umweltplanung und ihrer Möglichkeiten, Einfluß auf räumliche Entwicklungsprozesse zu nehmen.

(3) Vertieftes Wissen in ausgewählten Themenbereichen der Angewandten Geographie und der Umweltplanung sowie über die Nutzung des Instrumentariums der Computerkartographie, der Digitalen Bildverarbeitung und der Geographischen Informationssysteme bei der Aufnahme, Auswertung und Darstellung raumbezogener Daten.

(4) Für die Prüfung ist vom Kandidaten aus den fünf Teilgebieten Allgemeine Physische Geographie, Angewandte Geographie, Umweltplanung/Umweltschutz, Regionale Geographie und Methoden/Arbeitstechniken je ein Schwerpunkt zu benennen. Der Prüfungsstoff wird aus den angegebenen Gebieten ausgewählt. Nähere Einzelheiten regelt der zugehörige Studienplan (liegt noch nicht vor, d.V.).

Nebenfach

(1) Überblick über wissenschaftstheoretische Grundlagen und Modellbildungen der Geographie und der Umweltforschung. Gründliche Kenntnis von Untersuchungsmethoden und Darstellungsmitteln der Allgemeinen Physischen, der Angewandten Physischen und der Regionalen Geographie

(2) Einblick in Phänomene und Systeme des Naturhaushaltes unter dem Schwerpunkt der Auswirkungen und Folgen menschlichen Handelns.

(3) Für die Prüfung ist vom Kandidaten aus den drei Teilgebieten Allgemeine Physische Geographie, Regionale Geographie und Methoden/Arbeitstechniken je ein Schwerpunkt zu benennen. Der Prüfungsstoff wird aus den angegebenen Gebieten ausgewählt."

Wir wissen, daß damit eigentlich das Gesamtgebiet der Geographie beherrscht werden muß, aber als Prüfer bedenken wir durchaus, daß Ihr Zeitbudget knapp und eine gewisse Konzentration auf Schwerpunktgebiete erforderlich ist. Die Ausrichtung auf die mit den Prüfern abgesprochenen Spezialgebiete gilt in der Regel; darüber hinausgehende Fragen (etwa zum Vergleich von Erdräumen) sollen Ihnen insbesondere die Chance geben, die Note noch zu verbessern. Wer mit „sehr gut" abschneiden will, muß zeigen, daß er deutlich über die Normalanforderung hinaus Bescheid weiß - und das schließt eben auch Kenntnisse über sachliche und regionale Teilgebiete ein, die nicht als Schwerpunkte angegeben wurden. Daß bei der Magisterprüfung Bereiche aus der Angewandten Geographie (vor allem aus dem Bereich der räumlichen Planung oder Entwicklungspolitik) einbezogen werden, ergibt sich aus der beruflichen Orientierung dieses Studienganges.

Die Prüfungsinhalte werden in den Prüfungsordnungen unterschiedlich detailliert angesprochen. So nennt die Prüfungsordnung für Braunschweig die Inhalte der für Leistungsnachweise entscheidenden Veranstaltungen und legt damit auch indirekt Prüfungsinhalte fest.

Die Wahlmöglichkeit von Teilgebieten der Allgemeinen und Regionalen Geographie wird teilweise durch die Thematik der Abschlußarbeit oder durch die Themenwahl bei der Klausur eingeschränkt: In Baden-Württemberg darf etwa in der Lehramtsprüfung das engere Sachgebiet, aus dem das Thema der Abschlußarbeit entnommen ist, nicht Gegenstand der mündlichen Prüfung sein, und auch Inhalt und Umfeld der Klausur scheiden aus. Die Diplomprüfungsordnung von Stuttgart verbietet, daß der für die Examensklausur gewählte Teilbereich auch Gegenstand der mündlichen Prüfung ist.

6.2 Prüfer, Beisitzer und Prüfungsvorsitzender

Als Prüfer kommen nach den meisten Prüfungsordnungen nur Habilitierte in Frage. Mit der Wahl des Betreuers Ihrer Arbeit treffen Sie oft zugleich die Wahl des Prüfers, der Ihre mündliche Prüfung in der Geographie abnimmt und die Klausurthemen stellt. Wo die Prüfungsordnung nicht festlegt, daß der Betreuer auch Prüfer zu sein hat, ist es auch möglich, eine andere Person als Prüfer zu wählen. Je nach Prüfungsordnung kommt in der mündlichen Prüfung ein Beisitzer oder ein weiterer Prüfer (Kollegialprüfung) hinzu.

Zu den Prüfern sollten Sie rechtzeitig Kontakt aufnehmen. Ein unrühmliches Beispiel für die Schwierigkeit, einen gewünschten Prüfer auch zu erhalten, sind manche Massenfächer, wo Voranmeldungen schon mehrere Semester vor dem Prüfungstermin erforderlich sind. Diese Probleme bestehen in der Geographie glücklicherweise in der Regel nicht. Dennoch sollten Sie wenigstens ein halbes Jahr vor dem Prüfungstermin den gewünschten Prüfer angesprochen haben. Ein Rechtsanspruch auf einen bestimmten Prüfer besteht übrigens nach den meisten Prüfungsordnungen nicht.

Außer den Prüfern und dem Kandidaten hält sich häufig eine weitere Person im Prüfungsraum auf. Bei Universitätsprüfungen ist dies ein Beisitzer, in der Regel ein wissenschaftlicher Mitarbeiter des Instituts, der wenigstens eine gleichwertige Prüfung bereits erfolgreich bestanden hat und der den Prüfungsablauf in einem Protokoll festhält. Er greift in der Regel nicht in die Prüfung ein. Die Regelungen für das Staatsexamen können vorsehen, daß ein Vertreter des zuständigen Prüfungsamtes als offizieller Prüfungsvorsitzender der Prüfung beiwohnt. Er hat das Recht, in die Prüfung einzugreifen und auch selbst Fragen zu stellen. Er achtet außerdem darauf, daß eine gewisse Proportionalität bei der Behandlung der Spezialgebiete eingehalten wird und sorgt auch dafür, daß sich kein Prüfer aus Begeisterung für den Prüfungsgegenstand in kleinste Details verliert.

6.3 Vorbereitung auf die Prüfung

Die beste Vorbereitung auf die Prüfung ist natürlich ein systematisches, sehr gründliches Studium - selbst wenn Sie sicher nicht während des gesamten Studiums immer nur an das Examen denken sollten! Begreifen Sie aber durchaus einzelne Arbeiten während des Studiums (Referate, Diskussionsbeiträge in Seminaren und bei Exkursionen, Erläuterung weniger geläufiger Fachbegriffe) immer wieder als Chance, sich auf das Examen vorzubereiten. Gerade Exkursionen und Geländeübungen bieten dafür hervorragende Rahmenbedingungen. Sollte bei Erläuterungen am Objekt im Gelände etwas unklar bleiben, fragen Sie ruhig nach.

Zur Vorbereitung kann insgesamt empfohlen werden:

• Üben Sie besonders: Definitionen, Strukturieren, Fachterminologie (und Selbstkritik bei ihrer Verwendung). Sie sollten im Umgang mit der Fachterminologie vor allem Sicherheit gewinnen; kein Prüfer wird sich freuen, wenn er nur auswendig gelernte, aber nicht verstandene Definitionen hört, aber er wird es positiv vermerken, wenn Sie mit den Begriffen korrekt umgehen können.

• Setzen Sie sich selbst Übungsaufgaben zu einem Themen- und Fragenkomplex (z.B. Definition von Fachbegriffen, Begründen von Sachverhalten, Strukturieren von Problemen), die Sie innerhalb kürzester Zeit strukturiert, umfassend und präzise beantworten müssen. Denken Sie daran, daß ein großer Teil der Geographie aus der richtigen Zusammenschau unterschiedlicher Phänomene und Einflußfaktoren besteht. Formulierungen wie „Auf die Frage kann ich wie folgt antworten:...", „Grundlegende Literatur ist hierbei...", „Bei dieser Fragestellung gibt es drei Hauptaspekte, 1. ..., 2. ..., 3. ..." sind sehr hilfreich beim Strukturieren und zwingen zur Klarheit. Ansprechen von Kontrasten, Bewertungen und Widersprüchen zeigt, daß Sie über der Materie stehen. Bereiten Sie sich auch möglichst auf neuere Forschungsansätze und -desiderate vor, deren Beherrschung eindeutig Pluspunkte einbringt.

- Verwenden Sie möglichst bei aller gewünschten Fachterminologie aber in der mündlichen Prüfung keine Fachbegriffe, die Sie nicht wirklich gut kennen und definieren können. Fachtermini werden häufiger nachgefragt, weil man vermutet, daß Sie sie und die mit ihnen verbundenen Phänomene erläutern können. Oft schieben Kandidaten in ähnlicher Weise Nachbemerkungen nach wie „Hierbei ist auch noch ... von Bedeutung...", mit dem Ziel einer Art „name dropping". Derartige Nennungen bieten oft Anlaß zum Nachfragen.

- Vermeiden Sie Antworten auf Medien- oder Zeitungsniveau; Sie wollen doch eine Fachprüfung bestehen und nicht Abitur- oder Allgemeinwissen benoten lassen.

- Arbeiten Sie möglichst ständig mit einem der gängigen Schulatlanten (Alexander, Diercke oder Seydlitz). In vielen Fällen wird Ihnen während der Prüfung eine Atlasseite als Hilfe für den topographischen Hintergrund der Frage vorgelegt. Einige Prüfer ermöglichen Ihnen während der Prüfung auch die Entscheidung, welchen Atlas Sie vorgelegt erhalten.

- Bereiten Sie sich, wenn irgend möglich, in einer kleinen Arbeitsgruppe vor. Üben Sie dabei das Ausformulieren im Gespräch und simulieren Sie ruhig einmal eine Prüfungssituation.

Zu den Grunddaten der Geographie gehört ein umfassendes topographisches Wissen. Mit topographischen Angaben verhält es sich ebenso wie mit Jahreszahlen in der Geschichte: Für sich genommen und nur als Einzeldatum genannt, sind sie relativ unbedeutend; ihr Gewicht erhalten sie erst durch Einbeziehung in Zusammenhänge. Zusammenhänge aber vom konkreten Raum (und damit von der Topographie) zu lösen, bleibt meistens spekulativ. Sie sollten daher die Topographie wenigstens ihrer regionalen Spezialgebiete gründlich beherrschen und sich auf der restlichen Weltkarte einigermaßen zurechtfinden. Leider war Topographie in den 70er Jahren verpönt, weil man meinte, nur die „Probleme" seien wichtig. Nichts gegen problemorientierte Geographie! Enzyklopädisches Wissen kann man im Lexikon nachschauen, es muß nicht studiert werden. Aber geographische Probleme ohne topographische Verortung sind schwer vorstellbar. Gönnen Sie sich doch in der Vorbereitungszeit immer wieder Ausflüge auf einzelnen Atlaskarten, prägen Sie sich die Toponyme ein (vielleicht schauen Sie auch einmal im Ausspracheverzeichnis nach, wie fremde Namen ausgesprochen werden) und beziehen Sie dies auch in Ihre Vorbereitungen ein.

In Geographieprüfungen taucht immer wieder die Frage auf, wieviel Datenmaterial „gewußt" werden muß. Für die regionalen Schwerpunktgebiete empfiehlt es sich durchaus, aktuelle Informationsquellen wie z.B. die Länderberichte des Bundesamts für Statistik, das Munzinger Archiv oder wenigstens den Fischer Weltalmanach heranzuziehen, gerade dann, wenn geographische Regionaldarstellungen hoffnungslos veraltet sein sollten (sie zu lesen, lohnt sich zumeist dennoch, denn räumliche Grundstrukturen zeigen eine außerordentliche Persistenz, halten sich über Jahrzehnte und haben oft sogar über massive politische Umbrüche hinweg Bestand!). Zahlen können wir als Prüfer uns in der Regel auch nicht detailliert merken. Aber: Sie sollten zum einen wissen, wo Sie sich genau informieren können, wenn Sie eine exakte Einwohnerzahl oder Produktionsziffer erfahren möchten, und zum anderen in der Lage sein, bei grundlegenden Sachverhalten wenigstens eine Größenordnung abzuschätzen. Prüfer sind keine Zahlenfanatiker, sondern durchaus zufrieden, wenn Sie die Einwohnerzahl Deutschlands mit „ungefähr 80 Millionen" angeben. Es muß also auch möglich sein, Größendimensionen in etwa zu erfragen, z.b. Fertilitäts- und Mortalitätsraten, Abflußgrößen, Ausdehnung von Gletschern, Grenzen, Flächen- und Zeitangaben usw.

Die Arbeit in Arbeitsgruppen gehört fast unabdingbar zur Examensvorbereitung. Bemühen Sie sich um den Anschluß an eine solche kleine Lerngruppe selbst dann, wenn nicht alle Spezialgebiete übereinstimmen. Die gegenseitige Kontrolle „fremder" Spezialgebiete ist für beide Seiten ein Lerngewinn. Die Vorteile, die mit der Examensvorbereitung in einer Arbeitsgruppe verbunden sind, liegen auf der Hand: Man kann sich über einen Zeitplan verständigen und wird in der Gruppe gezwungen, diesen Zeitplan auch einzuhalten. In der Gruppe sollte ein Gespräch über die jeweiligen Lerninhalte zustandekommen, das bis zu simulierten Prüfungssituationen (Frage und Antwort) führen kann. Dabei sind Sie gezwungen, sich exakt und verständlich auszudrücken, also gleichzeitig zu formulieren und zu denken. Das wird in der mündlichen Prüfung nicht anders sein. Kandidaten, die in der Prüfung Schwierigkeiten haben, einen Sachverhalt darzulegen, geben hinterher oft an, daß sie für sich allein, nicht jedoch in einer Arbeitsgruppe gelernt haben. Natürlich müssen Sie - trotz Arbeitsgruppe - auch individuell lernen und üben. Wer die Vorbereitungszeit nur in der Lerngruppe verbringt, läuft Gefahr, nach ein bis zwei Stunden intensiver Arbeit in Kaffeekränzchen-Geplauder abzudriften. Das mag auch ganz nett sein, nützt aber vielleicht dem Examen nur wenig.

Zur Vorbereitung gehören - insbesondere kurz vor der Prüfung - aber auch andere Überlegungen: Machen Sie sich Gedanken darum, in welcher Kleidung (auch für sich selbst und die eigene Selbstachtung wichtig), mit welcher Grundeinstellung und Haltung Sie erscheinen wollen. Oder: Wie gehen Sie mit Nervosität um?

6.4 Lektüreliste

An manchen Instituten ist eine Lektüreliste obligatorisch; an ihr orientiert sich z.B. in Heidelberg der Inhalt der Prüfung. Wo diese Verpflichtung nicht besteht, empfehlen manche Prüfer ihren Kandidaten, vor der mündlichen Prüfung eine Leseliste einzureichen, auf der diejenigen Arbeiten verzeichnet sind, mit denen Sie sich besonders intensiv auseinandergesetzt haben. Andere Prüfer halten die Abgabe von Literaturlisten für nicht sinnvoll oder bedenklich, zumeist deshalb, weil der Eindruck unerlaubter genauerer Absprache entstehen und der Kandidat irrtümlicherweise dazu verleitet werden könnte, seine Vorbereitung auf nur einen kleinen, in der Literaturliste niedergelegten Teil des gesamten Prüfungsthemas zu beschränken. Um - auch im Gegensatz zu den Philologen, wo solche Listen ebenfalls abgegeben werden - Mißverständnissen vorzubeugen: Eine enge Auswahl von Titeln zu einem kleinen Spezialgebiet entbindet Sie nicht von der umfassenden Vorbereitung auf alle Ihre Examensgebiete. Die Lektüreliste gibt dem Prüfer nur Anhaltspunkte; sie verpflichtet ihn schon gar nicht, ausschließlich genau diesen Teilthemen nachzugehen.

Und wenn Literaturlisten gewünscht sind und die Prüfer keine anderen Wünsche äußern, gilt folgende Empfehlung: Insgesamt werden im Hauptfach normalerweise fünf, im Nebenfach (Staatsexamen: „Beifach") vier Spezialgebiete angegeben und geprüft. Für jedes Gebiet ist es sinnvoll, etwa fünf bis sieben Titel zu nennen, teils Monographien, teils Artikel aus Zeitschriften und Sammelbänden. Auf jeden Fall sollte ein Lehr- oder Handbuch dabeisein, mit dem Sie besonders intensiv gelernt haben, vielleicht auch ein aktueller Artikel, der den Forschungsstand reflektiert (*„state-of-the-art*-Artikel"), aber es dürfen auch ein paar Aufsätze sein, die Ihre Interessen widerspiegeln. Versuchen Sie dabei, nicht zu eng zu sein: Sollten zwei Ihrer Spezialgebiete „Nordamerika" und „Städtische Siedlungen" sein, wäre es sicher arg eng, wenn in der Lektüreliste vier Arbeiten zu nordamerikanischen Großstädten stehen.

Im Staatsexamen in Baden-Württemberg gilt die Regelung, daß die Lektüreliste auch dem Prüfungsvorsitzenden vorgelegt werden muß, wenn eine solche Liste den Prüfern übergeben wurde. Dadurch soll auch von der Seite des Prüfungsvorsitzenden der Umfang der Fragen und der Behandlung der Spezialgebiete nachvollziehbar werden. Außerdem gehört es zum guten Ton, den Prüfungsvorsitzenden über die Prüfungsvorbereitung auf diese Weise zu informieren; bringen Sie also ruhig eine Kopie der Lektüreliste zur Prüfung mit, die Sie zu Beginn der Prüfung dem Vorsitzenden aushändigen.

Für die Prüfer dient die Lektüreliste insbesondere als Hinweis, wo „sicheres Terrain" zu erwarten ist: Wenn direkt Bezug auf einen der Artikel genommen wird, dann erwarten wir als Prüfer, daß er nicht nur gelesen, sondern auch verstanden wurde, d.h. daß die grundlegenden Inhalte zur Konzeption und zu den Folgerungen wiedergegeben werden können, die Arbeit in einen größeren Zusammenhang eingeordnet werden kann und daß Sie in der Lage sind, die Hauptthesen des Autors nachzuvollziehen und zu begründen.

6.5 Zum Ablauf der mündlichen Prüfung

Es ist kein Fehler, wenn Sie sich bereits einige Minuten vor dem Prüfungszeitpunkt im näheren Umkreis des Prüfungsraumes aufhalten, aber zu langes Warten erhöht auch die Nervosität. Der Prüfungsbeginn kann sich durchaus um einige Minuten verzögern, wenn etwa die vorangehende Prüfung oder die anschließende Beratung über die Bewertung etwas länger als vorgesehen dauerten. Dies sollte Sie nicht belasten, denn es richtet sich in keiner Weise gegen Sie!

Wenn Sie in den Prüfungsraum gerufen werden, versuchen sie, die Nervosität einfach draußen zu lassen... Wir wissen, daß dies leichter gesagt als getan ist. Als Grundeinstellung sollten Sie davon ausgehen, daß die Prüfer Ihnen wohlgesonnen sind, Ihre Nervosität kennen und Sie nicht zusätzlich belasten wollen. Allerdings wissen wir auch, daß wir manchmal schon mit der Eingangsfrage „daneben" liegen; sollte dies der Fall sein, bemühen Sie sich, den Anfangsschock schnell zu überwinden, um offen für die nächsten Fragen zu sein. Sie dürfen also davon ausgehen, daß der Prüfer weiß, daß Sie nervös sind, und daß er diese Nervosität bei seinen ersten Fragen berücksichtigt. Allerdings nehmen wir auch an, daß die erste Nervosität nach einigen Minuten weicht und Sie dann offen und flexibel auf Fragen reagieren. Wir wissen aber auch, daß es Kandidaten gibt, die bis zur letzten Minute der Prüfung nervös bleiben, und versuchen, im Rahmen des Möglichen dieser Disposition Rechnung zu tragen.

Die Fragen während der mündlichen Prüfung lassen sich großenteils drei Typen zuordnen:

- Einzelfragen nach bestimmten Fakten, Definitionen oder Zusammenhängen.

- Überblicksfragen, mit deren Beantwortung Sie zeigen sollen, daß sie einen komplexeren Bereich überblicken und in Einzelaspekte gliedern können (auf einzelne Aspekte mag der Prüfer dann detaillierter eingehen).

- Fragen, die auf die umfassendere Darstellung von Zusammenhängen abzielen; hier dürfen und sollen Sie ruhig etwas weiter ausholen und zeigen, daß Sie einen Sachverhalt im weiteren Rahmen erkennen, ihn in diesen einordnen, ihn aber auch strukturiert darstellen können.

Die wenigsten Abschlußprüfungen bestehen aus einem einfachen Abfragen von Fakten. Es nützt daher relativ wenig, Zahlen und Passagen aus Lehrbüchern auswendig zu lernen, um sie gewissermaßen auf Knopfdruck - gemeint ist die Prüferfrage - abzuspulen. Der Prüfer will vielmehr wissen, ob Sie das Gelernte selbständig beherrschen, zu anderen Fakten in Beziehung setzen und auf konkrete Beispiele anwenden können. Daraus ergibt sich ein Prüfungsablauf, bei dem zwar Fragen im Mittelpunkt stehen, diese Fragen aber assoziativ aneinandergereiht werden, so daß ein Gespräch zustande kommt. Fachschaften sehen eine ihrer Aufgaben darin, Prüfungsfragen zu sammeln und Kandidaten zur Verfügung zu stellen. Dagegen ist nichts einzuwenden; denn mit solchen Fragenkatalogen soll den Kandidaten etwas Sicherheit vermittelt werden. Aber bedenken Sie: Meist werden die Fragen sehr bald nach der Prüfung so niedergeschrieben, wie sie in der Erinnerung geblieben sind. Ab und zu erfährt ein Prüfer, was in den entsprechenden Fragenlisten steht, und wundert sich gelegentlich auch: Häufig werden Fragen, die in der Prüfung nebensächlich waren, hervorgehoben (vor allem, wenn die Antwort nicht gegeben werden konnte oder die Frage etwas entfernter von der Geographie erschien), während zentrale Fragen unerwähnt bleiben. Diese Fragelisten sind sicher nur als Ansatzpunkte hilfreich und vermitteln eine Ahnung von dem möglichen Ablauf einer Prüfung, aber da das Repertoire an Fragen sehr groß ist, sollten Sie sich nicht allein darauf verlassen. Prüfungen sollen ja nicht in erster Linie standardisiertes Wissen abfragen, sondern das fachliche Denkvermögen ausloten.

Manche Institute haben einen spezifischen Prüfungsablauf entwickelt, der zusätzlich zum fachlichen Können auch auf den Nachweis von Schlüsselqualifikationen abzielt. In der Diplomprüfung an der TU München besteht beispielsweise eine Gliederung in drei Abschnitte. Den Beginn macht ein Eingangsstatement des Kandidaten, der fünf bis zehn Minuten ohne Hilfsmittel zu einem Thema eigener Wahl Stellung nimmt; an dieses Statement schließt sich ein etwa zehn bis fünfzehn Minuten währendes Gespräch an. Der Einstieg soll dem Kandidaten die Sicherheit geben, von vorbereitetem Stoff ausgehen zu können, stellt ihn aber vor die Herausforderung, ein komplexes

Thema strukturiert in freier Rede darzustellen. Im zweiten Teil der Prüfung stehen drei Lehrveranstaltungen des Hauptstudiums (außerhalb der Pflichtveranstaltungen) im Mittelpunkt. Im dritten Teil wird ein „Überraschungsei" serviert, d.h. ein nicht gezielt vorbereitetes Thema, das meist auf einen aktuellen politischen oder planerischen Vorgang in München, Bayern, Europa oder einer anderen Weltgegend Bezug nimmt. Dabei kann der Kandidat Allgemeinbildung, Reaktionsfähigkeit, Flexibilität und die Fähigkeit zu geographischer Einordnung beweisen.

Wie reagieren Sie auf die Fragen? Sollte eine Frage in einer Weise gestellt worden sein, daß Sie - weil Sie die Frage nicht verstanden haben - nicht wissen, was der Prüfer meint, dürfen Sie natürlich nachfragen. Aber lassen Sie den Prüfer nicht durch Ihre Rückfrage den Eindruck gewinnen, daß Sie inhaltlich mit dem Umfeld der Frage keine Kenntnisse verbinden.

Manchmal ist die Antwort auf eine Frage einfacher, als Sie zunächst denken. Vermuten Sie nicht argwöhnisch hinter jeder Frage einen Hinterhalt, den Ihnen der Prüfer legt. Oft geht es zunächst um sehr einfache Fragen und Antworten, von denen aus dann eine weitere Vertiefung des Prüfungsgesprächs erfolgt. Der Umfang Ihrer Anwort sollte der Frage entsprechen und als Aussage formuliert sein, gerne mit einigen zusammenhängenden Sätzen. Sowohl kurze abgehackte Antwortbruchteile, die dem Prüfer zusammenhanglos „hingeworfen" oder dem Kandidaten einzeln „aus der Nase gezogen" werden müssen, als auch weitschweifig ausholende und zum Zeitschinden sämtliche Banalitäten einbeziehende Antworten sind wenig angemessen. Denken Sie ruhig kurz über die Frage nach, ehe Sie eine Antwort geben, natürlich nicht mit minutenlangem Schweigen. Vielleicht hilft auch ein Einstieg wie

„Die Frage ist relativ komplex und erfordert eine Berücksichtigung folgender Aspekte: ...[knapp stichwortartige Aufzählung, die zeigt, daß Ihnen der Gesamtzusammenhang geläufig ist]. Zum ersten Aspekt (darüber konnten Sie inzwischen etwas nachdenken) ist zu sagen, daß ...[etwas weiter ausholende und begründende Antwort]".

Einerseits möchte der Prüfer, daß Sie in der Lage sind, einen Gedanken mit mittlerer Ausführlichkeit darzustellen. Es kann andererseits aber auch sein, daß er mitten im Satz den sprudelnden Wasserfall ihres Redeflusses unterbricht und zu einem anderen Gedanken übergeht. Lassen Sie sich dadurch nicht verschrecken: Dies bedeutet nicht, daß alles, was Sie gesagt hatten, falsch war; zumeist heißt es, daß der Prüfer verstanden hat, daß Sie diesen Sachverhalt kennen, darüber ausführlich berichten können und umfangreiches Wissen besitzen. Positiv abgehakt! Schließlich sollen noch andere Themen zur Sprache kommen. Für die Bewertung der Gesamtprüfung spielt die Breite des dargebotenen Stoffes durchaus eine Rolle, und wenn man schnell zu einem anderen

Thema kommt, war der Abbruch der ausführlichen Antwort durch den Prüfer ein Pluspunkt für Sie.

Wenn Sie mit einer Frage inhaltlich absolut nichts anfangen können, weil die Zeit nicht reichte, auch dieses Lehrbuchkapitel noch in aller Gründlichkeit zu lesen, dürfen Sie es ruhig zugeben, denn sonst wird mit Zusatzfragen (auf die Sie vermutlich ebenfalls die Antwort schuldig bleiben müssen) wertvolle Zeit vertan, die Sie lieber mit guten Antworten ausfüllen würden. Zu oft sollte der Prüfer allerdings nicht den Eindruck gewinnen, daß Ihr Wissen eine Wüste mit sehr wenigen und sehr kleinen Oasenbereichen ist...

Es soll vorkommen, daß ein Prüfer ein von Ihnen gar nicht gewähltes und bei der Anmeldung nicht angegebenes Spezialgebiet anspricht und Sie vielleicht plötzlich über Griechenland prüfen will, obwohl Sie sich mit Frankreich beschäftigt haben. Dann dürfen Sie selbstverständlich den Prüfer in aller Höflichkeit auf das Mißverständnis aufmerksam machen. Für das Staatsexamen gilt: Wenn die Abweichung nicht bereits dem Prüfungsvorsitzenden aufgefallen ist, der genauso wie die beiden Prüfer während der Staatsexamensprüfung Einsicht in die ihm vorliegenden Prüfungsakten (mit Ihrem Anmeldezettel, auf dem die Spezialgebiete vermerkt sind) nehmen kann, sollten Sie selbst in aller Höflichkeit den Irrtum anmerken. Es kommt aber schon vor, daß Prüfer - besonders, wenn es um eine gute Note geht - wissen wollen, was Sie sonst noch außerhalb Ihrer Schwerpunktgebiete beherrschen, vor allem gegen Ende der Prüfung.

Während der mündlichen Prüfung wird ein Protokoll angefertigt. Dabei werden von demjenigen Prüfer, der gerade keine Fragen stellt, oder von einem Beisitzer stichwortartig die gestellten Fragen notiert, selten die Antworten. Oft werden zudem Kurzbeurteilungen (+, -, mit Hilfe usw.) vermerkt. Denn das Protokoll soll insbesondere dazu dienen, den Verlauf der Prüfung nachvollziehbar zu machen.

Die Dauer der mündlichen Prüfung ist - wie bereits geschrieben - durch die Prüfungsordnungen festgelegt. Die Zeiten werden nicht mit der Stoppuhr gemessen: Wenn man gerade schön im Gespräch ist und einen Gedanken noch abschließen möchte, oder wenn ein klares Bild vom Leistungsstand sich noch nicht so richtig herausgebildet hat, kann ein paar Minuten „nachgespielt" werden. Es ist aber auch möglich, daß der Prüfer bereits ein oder zwei Minuten vor dem eigentlichen Ende der Prüfungszeit die Prüfung abschließt, wenn das Gesamtbild klar ist und der Kandidat sich in der verbleibenden Zeit nicht mehr verbessern kann.

Das Prüfungsgespräch wird damit beendet, daß Sie gebeten werden, den Prüfungsraum kurz zu verlassen und draußen zu warten. Die Beratung der Prüfer und des Prüfungsvorsitzenden bzw. von Prüfer und Beisitzer über die gezeigten Leistungen beginnt. Versuchen Sie nicht, nahe bei der Tür zu bleiben, um vielleicht einen Gesprächsfetzen zu erhaschen - in Ihrer Nervosität deuten Sie ihn vielleicht völlig falsch. Werden Sie aber auch nicht nervös, wenn die Beratung etwas länger dauert: In der Regel geht es darum, die Stärken und Schwächen eines Kandidaten gegeneinander abzuwägen und ob man Ihnen nicht vielleicht doch - trotz der gezeigten Schwächen - die bessere Note geben kann. Und um dies verantworten zu können, muß das Protokoll nochmals durchgegangen werden. Nach manchen Diplomprüfungsordnungen muß außerdem die Note schriftlich begründet werden, was einige Minuten in Anspruch nimmt. Die vom Prüfungsamt vorgenommene Zeitplanung geht von zehn Minuten für Beratung und Mitteilung des Ergebnisses aus; daraus können auch durchaus einmal 15 Minuten werden.

Nach der Beratung werden Sie wieder in den Prüfungsraum hereingerufen, wo Ihnen der Prüfungsvorsitzende oder der Prüfer das Ergebnis mitteilt und normalerweise auch aus dem Prüfungsablauf und den gegebenen Antworten begründet. Sehr gute Ergebnisse braucht man oft nicht zu begründen, bei Mittelmaß oder geringen Leistungen ist dies schon wichtiger. Erst recht ist es unbedingt erforderlich, die Bewertung zu begründen, wenn Sie die Prüfung nicht bestanden haben sollten. Die Regelungen für das Staatsexamen in Freiburg sehen übrigens eine solche Begründung explizit vor. Nach einem Urteil des Bundesverwaltungsgerichts haben Sie einen Anspruch auf Begründung der Bewertung der mündlichen Prüfungsleistung.

Bei der Staatsexamensprüfung in Freiburg wird Ihnen zugleich auch die Bewertung der Klausur und - falls im Fach Geographie geschrieben - der Zulassungsarbeit mitgeteilt. Mit dem Vorbehalt, daß ein Rechenfehler gemacht wurde, kann Ihnen hier auch die Endnote bekanntgegeben werden. Beim Magisterabschluß (M.A.) in Freiburg werden die Klausuren nicht automatisch vom Prüfer korrigiert, außerdem liegen sie den Prüfungsakten nicht bei, denn die Klausurnote soll nicht die Bewertung der mündlichen Prüfung beeinflussen. In der Regel kann Ihnen daher die Fachendnote der gesamten Magisterprüfung zunächst nicht gesagt werden.

Bei Kollegialprüfungen haben Sie es oft mit jeweils einem Prüfer aus dem Gebiet der Physischen und der Kulturgeographie zu tun. Zu Beginn der Prüfung dürfen Sie hier zumeist wählen, welcher Prüfer als erster seine Fragen stellen darf. In der Regel sprechen die Prüfer untereinander die Aufteilung der Spezialgebiete ab; die Aufteilung der beiden allgemein-geographischen Gebiete ergibt sich aus der fachlichen Ausrichtung der Prüfer, die Zuordnung der regionalen Gebiete teils nach der Ausrichtung der Prüfer, teils aber auch nach dem Prinzip gleichmäßiger Verteilung (keiner möchte in jeder Prüfung 'Nordamerika' oder 'Südwestdeutschland' prüfen!).

6.6 Die Benotung der mündlichen Prüfung

Bewertungsmaßstäbe für die Beurteilung der mündlichen Prüfungsleistung sind:

* Fundierung des Wissens und Wissensumfang
* Art der Reaktion auf die Frage
* Tiefe des Wissens und Kenntnis des Forschungsstandes
* Art und Weise der Formulierung, Fähigkeit zu klarer Formulierung, Beherrschung der Fachterminologie
* Ausgewogenheit des Urteils
* Einbeziehung und Darstellung komplexer Einflußgrößen sowie
* Transfer von Wissen und Prinzipien auf andere Beispiele

Leistungen während des Studiums, etwa die Qualität früherer Hauptseminarreferate, dürfen bei der Festlegung der Note nicht berücksichtigt werden. Zumeist gilt eine der in Kapitel 2.6 genannten Notenskalen.

Noch eine Bemerkung zu Ihrer Beruhigung: Es zeigt sich oft recht deutlich, daß die Bewertungsmaßstäbe bei den Prüfern ziemlich ähnlich sind und auch die in die Bewertung eingehende Meinung des Prüfungsvorsitzenden selten größere Abweichungen aufweist.

7 Arbeitsorganisation und Probleme

Eine Prüfung, die sich mit der Abschlußarbeit über ein bis zwei Jahre hinziehen kann, ist nicht nur unter dem Gesichtspunkt formaler Bestimmungen und persönlicher Gestaltungsstrategien zu betrachten; sondern sie muß das gesamte soziale und psychosoziale Umfeld einbeziehen. Vielfach sind mit dem Durchstehen und Durchleben der Prüfungsanstrengungen Situationen verbunden, die Sie an die Grenzen Ihrer Leistungs- und Konzentrationsfähigkeit bringen, vielleicht Ihre bisher gekannten Grenzen erweitern. Erfahrungsgemäß erleben die meisten Studierenden während der Examensphase keine größeren Probleme, sondern empfinden den Studienabschluß als bereichernde, selbstbestätigende Phase hoher Sinnhaftigkeit und Arbeitseffektivität. Wenn Sie hierzu gehören, benötigen Sie die folgenden Ratschläge nicht. Vielleicht eignen sich die Hinweise aber auch dazu, Kommilitonen zu helfen, die des Zuspruchs und der Unterstützung bedürfen. Einige Anregungen und Erfahrungen aus der Arbeit mit und der teilnehmenden Beobachtung von betreuten Kandidaten sollen Ihnen etwas weiterhelfen. Manches von den folgenden Überlegungen und Empfehlungen bezieht sich nicht nur auf die Phase, in der die Abschlußarbeit erstellt wird, sondern gilt auch für die Prüfungsphase mit Klausur und mündlicher Prüfung.

Nach den vorausgegangenen mehr formalen Hinweisen soll nun Ihre persönliche Befindlichkeit während der Arbeit an Ihrem Studienabschluß angesprochen werden. Dabei treten Probleme zumeist mit den folgenden Entscheidungen und Situationen auf:

1. Viele Studierende ringen sich nur zögernd zu der Entscheidung durch, sich (endlich) anzumelden, was zum einen den Antrag auf Zulassung und zum anderen - nach erfolgter Zulassung zum Examen - den Zeitpunkt der Anmeldung für die Abschlußarbeit (inkl. laufender Zeituhr bis zur Abgabe) betrifft: Wie bringe ich mich dazu, mich endlich zu Examen und Abschlußarbeit anzumelden?

2. Der Zeitpunkt des Formulierens von Text wird oft immer wieder vor sich hergeschoben: Wie schaffe ich es, mit dem Schreiben zu beginnen?

3. Das Formulieren der Arbeit geht eher zäh voran, die kontinuierliche Motivation zum Schreiben fehlt: Wie verhelfe ich mir zu andauernder ungebrochener Motivation beim Arbeiten?

4. Zum Teil extreme Stimmungsschwankungen und Selbstzweifel belasten das Vorwärtskommen: Wie gehe ich mit Stimmungstiefs um, wie überwinde ich Phasen lähmender Selbstkritik?

Mit diesen und weiteren Problemen befaßt sich das vorliegende Kapitel. Vergessen Sie aber bei aller Arbeit auch einige ganz wesentliche Gedanken nicht: „Wichtig ist, daß man das Ganze *mit Spaß* macht. Und wenn ihr ein Thema gewählt habt, das euch interessiert, wenn ihr euch entschlossen habt, der Arbeit eine gewisse (wenn auch vielleicht kurze) Zeitspanne zu widmen, ... dann werdet ihr merken, daß man die Arbeit als Spiel, als Wette, als Schatzsuche erleben kann. ... Ihr müßt die Arbeit als Herausforderung auffassen. Herausgefordert seid ihr: Ihr habt euch am Anfang eine Frage gestellt, auf die ihr noch keine Antwort wußtet. Es geht darum, die Antwort in einer begrenzten Zahl von Zügen zu finden. ... Manchmal ist die Arbeit eine [sic!] Patiencespiel: Ihr habt alle Teile, es kommt darauf an, sie an die richtige Stelle zu legen. Wenn ihr die Partie mit sportlichem Ehrgeiz spielt, werdet ihr eine gute Arbeit schreiben. Wenn ihr dagegen schon mit der Vorstellung startet, daß es sich um ein bedeutungsloses Ritual handelt und daß es euch nicht interessiert, dann habt ihr schon verloren, ehe ihr anfangt." (ECO 1992: 265-266, Hervorhebungen im Original).

„... im Laufe der Zeit merkt ihr, daß ihr auf die Arbeit zurückgreift, um Material zum Zitieren aus ihr zu entnehmen, um die Literaturdatei wieder zu verwenden, etwa um Teile auszuwerten, die nicht in die Endfassung eurer ersten Arbeit eingegangen waren; was bei dieser Arbeit zweitrangig war, stellt sich jetzt als Ausgangspunkt neuer Untersuchungen dar. Es kann euch passieren, daß ihr noch nach Dutzenden von Jahren auf die erste Arbeit zurückkommt. Auch weil sie wie die erste Liebe war, man vergißt sie nicht leicht. Im Grunde war es das erste Mal, daß ihr eine ernsthafte und anspruchsvolle wissenschaftliche Arbeit gemacht habt, und diese Erfahrung ist nicht gering zu schätzen." (ECO 1992: 267).

„Die Ideen und Ideale der Studentenzeit prägen stärker als man denkt." (KRÄMER 1995: 3).

7.1 Arbeitsorganisation

Drei Ebenen von Arbeitsorganisation im weitesten Sinne können unterschieden werden:

*   die Ebene grundsätzlichen technischen Organisierens und Schreibens Ihrer Abschlußarbeit
*   die Ebene kleinerer Tips und Hinweise bei der Aufarbeitung und Ordnung Ihres Materials und Ihrer Arbeitsumgebung sowie
*   die Ebene des übrigen (funktionalen und sozialen) Lebens um Sie herum

Folgende Vorgehensweisen der (eher funktionalen) Arbeitsorganisation erscheinen uns als besonders hilfreich:

- Erstellen Sie einen Zeit- und Arbeitsplan, der das große Ziel der Abgabe der Abschlußarbeit in viele kleine Arbeitsschritte und Kapitel aufbricht, die bis zu jeweils definierten Zeitpunkten fertiggestellt sein müssen. Definieren Sie genau, was Sie bis wann fertiggestellt haben wollen. Nur so ist sicherzustellen, daß Sie gegen Ende der Bearbeitungszeit ausreichend Zeit zur nochmaligen Überarbeitung, zum Einbringen innerer Vernetzung und zur formalen und inhaltlichen Fertigstellung der Arbeit haben. Legen Sie unbedingt von vornherein fest, wieviele Seiten etwa die einzelnen Kapitel Ihrer Arbeitsgliederung umfassen sollen, damit Sie nicht später unnötig viele formulierte Seiten wieder streichen müssen.

- Beginnen Sie möglichst früh mit dem Schreiben! Am besten beginnt man mit einem Kapitel oder Unterkapitel, in dessen Materie man sich sehr gut auskennt und das vielleicht besonders gut und auch mit Freude aus der Feder geht (evtl. der methodische Teil, vielleicht die Einführung in den Untersuchungsraum). Alle Vorarbeiten halten Sie nur vom Eigentlichen ab, dem Schreiben Ihres Textes, - und oft hält man sich mit zuviel vermeintlich notwendiger Vorarbeit vom Schreiben des Textes ab, fälschlich während, man hätte doch viel Sinnvolles für dessen notwendigen Beginn gearbeitet. Der Beginn des Schreibens von Text kann auch in der halbstichpunktartigen Skizzierung der Inhalte einzelner Kapitel liegen. Enorm wichtig ist, nochmals: Beginnen Sie früh mit dem Schreiben - jede Seite, die ausformuliert vor Ihnen liegt, erniedrigt den Arbeits- und Erfolgsdruck. Das gilt auch dann, wenn Sie geschriebene Seiten später nochmals gründlich überarbeiten müssen. Manche Prüfer lassen sich - diese Anfangsscheu beim Schreiben kennend - nach zwei Monaten Laufzeit der Arbeit 20 Seiten fertigen Textes zur Durchsicht geben und machen die Abgabe dieser ersten Textseiten zur Auflage für eine spätere Bereitschaft zur Verlängerung der Bearbeitungsfrist.

- Zur Arbeit im Team: Viele Fragestellungen für Abschlußarbeiten entspringen umfassenderen Forschungsschwerpunkten an den Instituten und hängen miteinander zusammen. Hier ist eine enge Rückkoppelung mit Kandidaten sinnvoll und erforderlich, die ähnliche Themen bearbeiten. Sehen Sie sich nicht als Konkurrenten, sondern als Partner in einem Team - es erspart Ihnen unnötige Arbeit, wenn Sie berücksichtigen können, was jemand anderes aus dem Team bereits erarbeitet hat. Sollte ein solches Team bestehen, sind regelmäßige Diskussionsrunden angebracht - beispielsweise über das Kandidatenkolloquium des Betreuers.

• Notieren Sie sich Einzelgedanken, die vielleicht für andere Kapitel wichtig sind, textliche Verknüpfungen darstellen, Widersprüche aufzeigen oder kritische Beurteilungen darstellen, immer separat auf eigenen Zetteln (z.B. farbige Klebezettel) oder in einem „Ideenbuch".

7.2 Zeitmanagement und Umgang mit zeitlichen Engpässen

Am Anfang der Abschlußarbeit sollte ein erster grober Zeitplan stehen, der die wesentlichen Teile des Bearbeitungsprozesses berücksichtigt; die Zeitschritte, von denen Sie ausgehen, werden in Wochen oder Monaten bemessen, wobei es durchaus zeitliche Überlagerungen (auch zur „Entspannung" geben kann):

1. Vorbereitung, Einlesen in die Grundlagenliteratur zur genauen Abklärung des Umfangs der Hauptfragestellungen
2. Feldarbeit im Gelände für die empirischen Erhebungen
3. Aufbereitung des Materials
4. Ausarbeitung der Ergebnisse, (karto-)graphische Umsetzung
5. Formulieren des Textes
6. Endredaktion

Beim ersten und dritten Teil ist der Zugang zu einer Bibliothek wichtig, beim zweiten Arbeitsabschnitt ist eine vorherige Klärung von Besprechungsterminen erforderlich; außerdem müssen Sie unter Umständen Ihren Aufenthalt rechtzeitig organisieren. Der dritte Abschnitt setzt eine entsprechende technische Ausstattung voraus.

Setzen Sie sich konkrete zeitliche Ziele, z.B. eine tägliche durchschnittliche Arbeitszeit ausschließlich für die Abschlußarbeit von mindestens fünf, besser sechs bis sieben Stunden. Kontrollieren Sie die Einhaltung dieses Pensums durch Aufschreiben von Arbeitszeiten oder „Soll-Tabellen". Dabei sollten Sie durchaus Unterschiede machen zwischen Werk- und Feiertagen (hier eventuell nur maximal zwei bis drei Stunden Arbeit an der Abschlußarbeit). Es empfiehlt sich auch, spezielle Zeit für Arbeiten im Umfeld der Abschlußarbeit (z.B. Kopieren, Abbildungen erstellen, Literatur recherchieren usw.) eigens zu definieren und abzutrennen, damit Sie nicht in die Versuchung kommen, sich selbst gegenüber ausschließlich Nebensächlichkeiten als „Arbeiten an der Abschlußarbeit" zu erlauben. Wichtig ist, daß Sie täglich wenigstens zwei bis drei Stunden allein und ausschließlich am Text sitzen! Gönnen Sie sich durchaus täglich auch eine bis zwei Stunden Schönes (gutes Essen, Kinofilm, Treffen mit Freunden usw.) - gewissermaßen „als Belohnung" für konsequentes Arbeiten. Auf jeden Fall und unter allen Umständen sollten Sie kontinuierlich an jedem Tag mindestens zwei Stunden ausschließlich Ihrer Arbeit widmen. Sonst reißt der Faden und Sie brauchen zu lange Zeit, um sich zu einem „Wiederdrangehen" zu zwingen. Führen Sie am besten genaue Aufzeichnungen darüber, ob die Zeit wirklich allein für Ihre Arbeit verwendet wurde. Hilfreich sind z.B. Listen mit Kästchen, die nach Erbringung der Zeit durchgestrichen werden. Das Ganze klappt nur, wenn Sie Konsequenz an sich üben!

Das Zeitmanagement erfordert zunächst, daß Sie sich selbst darüber klar werden, wann Ihre beste Tageszeit zum Arbeiten ist: Verhalten Sie sich nach dem Motto „Morgenstund' hat Gold im Mund" oder sind Sie eher ein Abendmensch? Legen Sie die Arbeiten, die höchste Konzentration erfordern, in ihre besten Zeitphasen, andere (wie etwa das Notieren von Literaturtiteln oder das Erstellen von Graphiken) in die Zeiten, in denen Sie weniger konzentriert arbeiten. Ein gewisser Tagesrhythmus sollte auf jeden Fall eingehalten werden, und dabei sollten Sie auch die Mahlzeiten nicht vergessen.

Wenn Sie eine Familie oder Verwandte versorgen oder betreuen müssen oder zur Finanzierung Ihres Studiums darauf angewiesen sind, teilweise zu arbeiten, gelten nochmals besondere Bedingungen: Um so mehr hängt der Abschluß Ihrer Arbeit dann von einer guten Arbeitsorganisation ab. Weisen Sie die Zeiten, in denen Sie andere Verpflichtungen haben, dann sehr genau aus; im übrigen gilt das bereits Geschriebene. Aber sorgen Sie dafür, daß Sie Regelmäßigkeit in Ihren Verpflichtungen haben, d.h. organisieren Sie sie so, daß Ihnen zuverlässig und in dem geplanten Umfang Ihre Arbeitszeiten erhalten bleiben (unter Umständen Babysitter, Verwandte, Freunde bitten; machen Sie Ihren Arbeitgebern verständlich, daß Sie in der Zeit Ihrer Abschlußarbeit beim besten Willen keine Überstunden und Sonderschichten, die alle Zeitpläne durchkreuzen, übernehmen können). Wir haben jedoch immer wieder beobachtet, daß gerade die Studierenden, die ihr Studium selbst finanzieren müssen, schon seit mehreren Semestern Erfahrungen in der persönlichen Arbeitsorganisation gesammelt haben, die während der Examensphase positiv zustatten kommen: Sie können mit Zeitengpässen umgehen, arbeiten konzentriert und weisen oft durch ihre Nebenjobs zusätzliche, oft berufsnahe Qualifikationen auf.

Es kann bisweilen nützlich sein, sich anstelle eines Zeitrahmens ein Seitensoll vorzunehmen. Fünf gut formulierte Seiten pro Tag zu schreiben ist eine sehr ordentliche Leistung, wenn Sie diese Geschwindigkeit über mehrere Tage beibehalten können. Realistisch sind jedoch zwischen zwei und drei, gelegentlich nur eine gut formulierte Seite(n) pro Tag. Bei 120 Seiten Text müssen Sie also je nach Schreibstil und -tempo zwischen 30 und 100 Tagen für das Formulieren veranschlagen. Und vergessen Sie nicht, daß auch noch Zeichnungen anzufertigen sind, die ebenfalls Zeit kosten.

Ein gewisses Maß an Flexibilität sollte selbstverständlich bleiben. Doch legen Sie Flexibilität nicht als Orientierung „nach unten", d.h. zu weniger Leistung, aus. Flexibilität bedeutet vielmehr, nicht zum Sklaven eines Zeitplanes zu werden: Wenn Sie an einem Tag das Gefühl haben „gut drauf zu sein" und bereits fünf Textseiten formuliert haben, versuchen Sie ruhig, so lange weiter zu machen, bis Sie Konzentrationsschwierigkeiten bemerken - vielleicht sind es dann am Ende gar acht oder gar zehn Seiten (was bei gut formulierten Seiten eine hohe Zahl ist!). Nutzen Sie diese Zeit, dann dürfen Sie sich hinterher auch gerne dafür mit dem Freitagskrimi oder der Bundesliga oder einem schönen Konzert belohnen.

7.3 Motivationsprobleme und Selbstdisziplinierung

Wir alle kennen das sehr gut: Unter Druck wird man durch typische „Übersprunghandlungen" und Fluchtreaktionen zum Meister der Selbstablenkung. Jede Unterbrechung ist willkommen, Putz- und Aufräum„fimmel" werden ausgelebt, wie selten zuvor werden Pflanzen gepflegt und gegossen - wahrscheinlich haben Sie Ihren Zimmerpflanzen nie so viel Aufmerksamkeit gewidmet wie in der Zeit des Examens.

Bewährt haben sich folgende Hilfen:

- Fragen Sie sich sehr genau nach Ihren Schwächen; schreiben Sie sie auf ein Blatt Papier (dann können Sie sich selbst nichts mehr vormachen). Und nehmen Sie sich vor, täglich ein klein wenig daran zu arbeiten.

- Verschiedene Strategien helfen über Motivationsschwächen und Hemmschwellen hinweg:

  (1) Strukturelles Einengen: Stellen Sie sich unbedingt einzuhaltende Zeitpläne auf und engen Sie damit Ihre Möglichkeiten ein, innerlich vor der Arbeit auszuweichen.

  (2) Arbeiten Sie mit dem „Lustprinzip": Arbeiten macht Spaß, und Erfolg beim Weiterkommen hebt das Selbstwertgefühl. Jeder erreichte „Haltepunkt" verschafft innere Zufriedenheit.

  (3) Externer Druck: Organisieren Sie sich gewissen äußeren (Erwartungs-) Druck, indem Sie sich dazu verpflichten, anderen regelmäßig (am besten im Abstand weniger Tage) über Ihr Fortkommen zu berichten,

und lassen Sie sich dabei genau kontrollieren. Schaffen Sie sich Netzwerke, denen Sie nicht ausweichen können. Lassen Sie sich regelmäßig anrufen in Form von „Kontrollanrufen".

(4) Wetten abschließen: Schließen Sie mit anderen in ähnlicher Situation Wetten ab darüber, ob Sie bestimmte „Zeitziele" schaffen können oder nicht.

(5) Eliminieren von Störfaktoren: Beseitigen Sie gezielt störende Außeneinflüsse, die Sie ablenken und bei der Arbeit behindern. Räumen Sie auf, schaffen Sie sich Ordnungen (auf dem Schreibtisch, mit verbindlichen Zeit- und Organisationsplänen usw.).

(6) Zusammenschluß mit Gleichgesinnten: Treffen Sie sich regelmäßig mit Kommilitonen, die sich in ähnlicher Situation befinden, tauschen Sie offen Erfahrungen aus und kontrollieren Sie sich wechselseitig.

• Mancher geht gerne zum Schreiben der Arbeit in Klausur, zieht sich in die Berge zurück, um möglichst ungestört zu sein. Aber nicht bei jeder Arbeit kommt dies in Frage: Falls Sie sich gerade in einer Phase befinden, in der die Nähe einer gut sortierten Fachbibliothek erforderlich wird, wäre der Rückzug ins zeitweilige Eremitendasein kontraproduktiv.

• Doping hilft bei der Examensvorbereitung genauso wenig wie im Sport. Weder erhöhter Zigarettenkonsum noch größere Frequenz beim Füllen und Leeren von Kaffeetassen noch die Einnahme von leistungssteigernden Medikamenten sind nützliche Maßnahmen - ab und zu eine Tafel Schokolade als Belohnung kann aber wohl zumeist nicht schaden.

• Belohnen Sie sich selbst mit schönen Dingen, wenn Sie konsequent und regelmäßig Ihre gesteckten Arbeitsziele erreicht haben oder gar ein paar geistige Klimmzüge im voraus sind.

• Schaffen Sie sich Regelmäßigkeit im Tagesablauf. Gönnen Sie sich regelmäßig geistigen und körperlichen „Ausgleichssport" (einschließlich einer halben Stunde Sport, Bewegung, Kreislauftraining jeden Tag). Es gibt neben dem Examen - in gewissem Rahmen - auch anderes: Familie, Freunde, Hobbys, Nicht-Examens-Gebundenes.

Wenn Sie dann soweit sind, daß die Diplom-, Magister- oder Zulassungsarbeit abgabefertig vor Ihnen liegt, dürfen Sie sich natürlich darüber freuen - ein gutes Stück Arbeit auf dem Weg zum Abschluß ist geschafft! Gönnen Sie sich ruhig eine kurze Erholungspause (schon ein bis zwei Tage sind erholsam!), ehe Sie wieder an Klausur und mündliche Prüfung denken.

7.4 Persönliches Umfeld, Partner/in, Freunde/innen, Familie usw.

Manchmal erreicht man während der Examenszeit - vielleicht erstmals - die Grenzen der eigenen Belastbarkeit, man wird häufiger gereizt, ungerecht, unausstehlich. Das belastet neben einem selbst auch andere im sozialen Umfeld. Vereinbaren Sie im Zweifelsfall persönliche „Auszeiten", „Spielregeln" im Umgang miteinander, ggf. sogar spezielle „Gesprächszeiten".

Bei längeren Arbeiten im Ausland ist es evtl. möglich, den Partner oder die Familie mitzunehmen - auch dann sind bestimmte Zeitpläne für die normale Tagesgestaltung oft hilfreich bei der Verbindung von Arbeit und Privatem sowie bei der Vermeidung von Krisen und Unzufriedenheiten.

Tragisch und durchaus nicht selten ist es, wenn in der Zeit höchster Examensanspannung auch langjährige Freundschaften oder Partnerschaften erschüttert werden oder gar zerbrechen. Emotionales kann Ihr Denken und Arbeiten völlig blockieren. Versuchen Sie grundsätzliche Auseinandersetzungen in der Zeit hoher Anspannung durch das Examen zu vermeiden oder wenigstens zu vereinbaren, diese bis in die Zeit danach zu verschieben. Das löst natürlich keine Probleme, schafft aber zumindest keine zusätzlichen, indem auch noch Ihr Examen dadurch schwer beeinträchtigt wird oder scheitert. Wenn Sie keinen Ausweg mehr sehen, sollten Sie unter Umständen auch über diese Probleme mit Ihrem Betreuer sprechen - was auf jeden Fall besser ist als Kurzschlußhandlungen.

7.5 Blockaden, mentale und körperliche Grenzerfahrungen

Es gibt eine Reihe typischer innerer „Blockaden", die man gut mit kleineren Hilfestellungen überwinden kann. Hierzu zählen die folgenden:

☛ Blockade: „Ich brauche immer sehr lange, bis ich mich zum Arbeiten überredet und dann auch endlich mit dem Schreiben oder Lernen angefangen habe."

Schaffen Sie sich Anreize, kleine Belohnungen, um den „inneren Schweinehund" schneller zu überwinden (s. Kap. 7.3). Loben Sie sich selbst, wenn Sie schneller wieder „mitten drin" sind. Machen Sie sich bewußt, daß Ihre Arbeit

Spaß macht, daß Sie gut weiterkommen, daß Sie dadurch möglichst viel schaffen und leisten können. Ihre Abschlußarbeit und das Examen sind letztlich doch nur noch ein kleines „*topping up*" auf die vielen Leistungen, die Sie vorher schon während einiger Semester erbracht haben - das Eigentliche liegt bereits hinter Ihnen.

☞ Blockade: „Ich habe mich an einem Gedanken oder an einem Kapitel festgebissen und komme gedanklich nicht mehr weiter."

Sie sollten natürlich nicht bei jedem geringsten gedanklichen Widerstand und jeder kleinen Schwierigkeit, einen Gedanken zu durchdringen und in Worte zu fassen, kapitulieren oder sofort aufgeben, an einem Kapitel weiterzuschreiben. Aber wenn Sie merken, daß Sie sich völlig „verbissen" haben, hat es keinen Zweck, unter allen Umständen etwas zu erzwingen. In einem solchen Fall ist es besser, ein Kapitel einen Tag oder zwei Tage lang ruhen zu lassen und zeitweise an anderer Stelle weiterzuarbeiten. Aber schieben Sie Schwierigkeiten nicht zu lange vor sich her; sie sitzen Ihnen dauernd mit schlechtem Gewissen im Nacken.

☞ Problem: „Ich werde nicht fertig!"

Die Anfertigung einer Abschlußarbeit stellt für viele Studierende eine Extremsituation dar - und dies ist erfahrungsgemäß (leider) recht unabhängig davon, wie gut Studierende während ihres Studiums hinsichtlich ihrer Leistungen und ihres Engagements waren oder sind. Studierende, bei denen die Erfahrung, subjektiv oder objektiv nicht mit der Arbeit, mit dem Konzept und dem Text fertig zu werden bzw. nicht zeitgerecht abgeben zu können, beim Anfertigen der Abschlußarbeit zum ersten Mal auftritt, neigen dazu, sich selbst und ihre Leistungen völlig in Frage zu stellen und dadurch in eine schwere persönliche Krise zu geraten. Diese wollen sie sich selbst, geschweige denn ihrem persönlichen Umfeld oft nicht eingestehen und verdrängen oder verbergen sie teilweise unter Einsatz aller Intelligenz - vor sich selbst und vor anderen.

Beobachten Sie sich sehr kritisch während des Schreibens, decken Sie Ihre eigenen Fehler und Schwächen auf, akzeptieren Sie sie nicht, sondern arbeiten Sie an ihnen, verändern Sie Ihr Verhalten. Und teilen Sie Ihre Probleme unbedingt (!!!) so früh wie möglich Ihren Freunden und schließlich auch dem Betreuer mit, damit Lösungswege durchgesprochen werden können. Primär sind nun natürlich Familie, Freunde und persönliches Umfeld gefordert, Hilfestellungen zu erbringen.

Wenn Sie mit Ihrem Betreuer sprechen, müssen Sie ihm schonungslos und ehrlich den Stand der Arbeit und Ihre Probleme aufdecken, d.h. auch bisher verfaßten Text, Abbildungen, Auswertungen usw. mitbringen. Die Entscheidung über eine mögliche Verlängerung sowie deren Zeitspanne richtet sich danach.

Auf jeden Fall sollten Sie versuchen, sich zu überlegen, welche Teile der Arbeit unbedingt fertiggestellt werden müssen. Konzentrieren Sie sich auf die inhaltlich wichtigsten Teile der Arbeit. Lassen Sie im Zweifelsfall zeitaufwendige Abbildungen zugunsten von gut und klar geschriebenem Text weg. Überlegen Sie, welche Arbeiten eventuell auszulagern und auf andere Personen übertragbar sind. Dies darf nicht für wesentliche inhaltliche Leistungen Ihrer Arbeit erfolgen (wie Texte, Kartierungen, Analysen usw.) - denn Sie versichern ja, keine unerlaubten Hilfen benutzt zu haben -, sondern nur für untergeordnete, eher handwerkliche Hilfsarbeiten (z.b. Tippen handgeschriebener Texte, abgabereifes Erstellen von inhaltlich durch Sie konzipierte Abbildungen, Kolorieren von Karten usw.).

An einigen Universitäten werden übrigens spezielle Hilfen bei Schreibproblemen angeboten – allerdings in der Regel in anderen Fächern als der Geographie. So wurde am Germanistischen Institut der Universität Bochum 1997 ein Schreibzentrum eingerichtet (http://www.ruhr-uni-bochum.de/rubens/rubens20/28.htm). Am Psychologischen Institut der Universität Duisburg werden Studierende mit den Konventionen wissenschaftlichen Schreibens vertraut gemacht, und in Dortmund etablierte sich eine Schreibwerkstatt im Hochschuldidaktischen Zentrum der Universität. Viele Universitäten unterhalten ferner Psychologische Beratungsstellen, die Studierende in studienbedingten Krisensituationen beraten (darauf weist z.b. das Kölner Studentenwerk ausdrücklich in der Studienordnung hin; § 4).

7.6 Kontroll- und Haltepunkte, Sicherungssysteme

Bauen Sie Kontroll- und Haltepunkte sowie „Zeitanker" ein, d.h. setzen Sie sich kleinere Ziele, die mit bestimmten Daten versehen und unbedingt eingehalten werden müssen. Wenn ein Ziel nicht erreicht wurde, lassen Sie den Abschnitt oder das Kapitel besser einstweilen liegen und beginnen wie vorgehabt mit der neuen Aufgabe (sofern nicht wirklich nur ein ganz kurzes Überschreiten der Zeit erforderlich ist). Damit soll verhindert werden, daß man sich (was oft vorkommt) an einem Punkt „festbeißt" - es sei denn, ein solches „Festbeißen" gibt der Arbeit eine neue, originelle und wissenschaftlich weiterführende Richtung.

Manchmal ist von außen gesteuerter Druck hilfreich und vonnöten. Dieser kann z.B. dadurch erzeugt werden, daß Sie einer Vertrauensperson kontinuierlich ehrlich den Stand Ihrer Arbeit mitteilen, ggf. täglich kurz in der Form, daß Sie mitteilen, ob Sie die im Zeit- und Arbeitsplan vorgenommenen Ziele erreicht haben bzw. wie weit Sie sie erreicht haben. Dieser von außen ausgeübte Druck muß dosiert und auf Ihre Arbeitsfähigkeit hin angepaßt sein, sonst führt er zu inneren Blockaden, die lähmend wirken. Leider gibt es keine Patent-, sondern nur Einzellösungen.

Bauen Sie sich also persönliche Sicherungssysteme auf, d.h. von der Familie, von Freunden und Studienkollegen getragene Netze mit der Aufgabe, daß man Sie regelmäßig zuverlässig und mit echtem Interesse nach dem Stand Ihrer Arbeit fragt. Die Fragen der Personen sollen Sie gewissermaßen dazu zwingen, regelmäßig Rechenschaft über Ihr Tun abzulegen. Hier gilt: Es gibt unterschiedliche Persönlichkeitstypen: Einige „brauchen" diese Sicherungssysteme, andere nicht. Prüfen Sie sich: Sind solche „Anker" für mich notwendig, hilfreich, gut oder gar eher störend? Aber ehrlich beantworten!

7.7 Nach der Prüfung?

Was ist, wenn Sie die Prüfungen oder einen Teil der Prüfungen nicht bestanden haben: Die Durchfallquoten im Fach Geographie sind recht gering, aber es kann durchaus vorkommen, daß jemand das Ziel nicht erreicht. Fassen Sie dies gleichermaßen als Chance und Notwendigkeit auf, über Ihre Situation grundsätzlich nachzudenken: Häufig waren eine zu knappe, unzureichende oder falsche Vorbereitung auf Klausur und mündliche Prüfung, die fehlende Kontrolle in der Arbeitsgruppe oder eine völlig falsche Einschätzung der Schwierigkeiten des Faches daran schuld, bisweilen waren es persönliche Schwierigkeiten, die in der Vorbereitungsphase viel heftiger wahrgenommen werden als sonst. Scheuen Sie sich nicht, bald ein Gespräch mit Ihren Prüfern zu führen, um einen Ausweg zu finden. Wenn Sie beim nächsten Termin wieder zur Prüfung erscheinen, gelten Sie nicht als gebrandmarkt, sondern die Prüfer werden Ihnen erneut eine faire Chance geben. Bestandene Prüfungsleistungen bleiben Ihnen erhalten; nur Bereiche, in denen Sie durchgefallen sind, dürfen normalerweise einmal wiederholt werden.

Wie geht es weiter nach bestandener Prüfung? Sie sollten das Prüfungsgeschehen nicht mit dem Gefühl verlassen, jetzt in ein tiefes Loch zu fallen. Wenn

Sie alle Teilprüfungen erfolgreich abgeschlossen haben, besitzen Sie einen Abschluß, der Ihnen vielleicht nicht in allen Fällen den Weg zu Ihrem ganz konkreten Berufsziel bahnt, aber wohl auch andere berufliche Möglichkeiten eröffnet, für die Sie sich flexibel genug zeigen müssen. Ein abgeschlossenes Examen ist immer ein Pluspunkt, ganz gleich, ob man sich dann für eine fachbezogene oder eine fachfremde Stelle bewirbt.

Eine vollständige und immer gültige Beurteilung des Arbeitsmarktes für Geographinnen und Geographen ist kaum möglich. Ihre Chancen auf eine Anstellung hängen neben Ihren Abschlußnoten auch sehr von Ihren sonstigen Qualifikationen ab, zu denen vor allem (ohne Rangfolge genannt) Auslandserfahrung, Fremdsprachenkenntnisse, Alter, inhaltliche und methodische Schwerpunkte während des Studiums, Engagement, Persönlichkeit und Kontakte zählen. Thema und Schwerpunkt Ihrer Abschlußarbeit bilden nur zwei Bausteine Ihres Studien- und Persönlichkeitsprofils.

Worauf legen Arbeitgeber bei Einstellungen besonderen Wert? Studien und Umfragen zufolge stehen zumeist diese Fähigkeiten in Bewertungsverfahren für Hochschulabsolventen an vorderster Stelle: Fachkompetenz, Schlüsselqualifikationen wie Vertrautheit mit elementaren Arbeitstechniken, Ausdrucksvermögen, Technik der schriftlichen Darstellung, Arbeitsqualität, Ausdauer und Belastbarkeit, Motivation, Präsenz des Wissens, Kritikfähigkeit gegenüber der eigenen Person und den Sachen, Mut zu eigenen Versuchen und die Bereitschaft, sich aus Denk- und Vorstellungsgewohnheiten zu lösen und eigene Wege (auch gegen Gruppendruck) zu gehen.

Spätestens jetzt - wenn Sie nicht schon als Studierender Mitglied waren - sollten Sie sich überlegen, ob Sie sich zu einer Mitgliedschaft in einem der Teilverbände innerhalb der Deutschen Gesellschaft für Geographie (DGfG) entschließen. Die vier Teilverbände (nur ihnen kann man als Mitglied beitreten) unterhalb des „Daches" der DGfG konzentrieren sich auf unterschiedliche Tätigkeitsbereiche geographischer Berufe: Der Verband der Geographen an Deutschen Hochschulen (VGDH) steht den in Wissenschaft und Forschung tätigen Geographen an den Hochschulen offen. Der Deutsche Verband für Angewandte Geographie (DVAG) ist das Forum für Geographen, die in der anwendungsbezogenen Geographie (Planung, Medienbereich, Umweltberatung, Entwicklungszusammenarbeit usw.) tätig sind und schließt Studierende ein. Der Verband der Schulgeographen (VDS) vertritt die Interessen der Schulgeographie inkl. der Lehramtsstudierenden. Der Hochschulverband für Geographie und ihre Didaktik (HGD) ist - wie der Name besagt - ein Teilverband für die Lehrenden in der Didaktik der Hochschulgeographie. Als Studierenden und ausgebildeten Geographen mit Studienabschluß stehen Ihnen der

DVAG und der VDS offen. Über die Mitgliedschaft in einem Teilverband können Sie bereits während Ihres Studiums Verbindungen zur Praxis aufbauen und - nach dem Studium - Anschluß an die Entwicklungen und Inhalte der Geographie sowie Kontakt zu anderen Fachkollegen halten. Für weitere Informationen wenden Sie sich an die folgenden Adressen bzw. schauen Sie auf den genannten Homepages nach.

Deutsche Gesellschaft für Geographie (DGfG)
Institut für Geographie und Geoökologie der Universität Karlsruhe, Kaiserstraße 12, 76128 Karlsruhe, Tel.: 0721 6084367, Fax: 0721 696761.
Homepage im Internet: http://www.geographie.de

Adressen der Teilverbände:

Verband der Geographen an Deutschen Hochschulen (VGDH):
Bundesgeschäftsstelle des Verbands der Geographen an Deutschen Hochschulen (VGDH), GEO-Büro, Geographisches Institut der Universität Bonn, Meckenheimer Allee 166, 53115 Bonn, Tel.: 0228 695113, Fax: 0228 695117, e-mail: vgdh@giub.uni-bonn.de.
Leitung: Dr. A. Dittmann, Prof. Dr. E. Ehlers, Priv.-Doz. Dr. F. Kraas, AD W. Schmiedecken.
Homepage: http://www.giub.uni-bonn.de/vgdh/welcome.html

Deutscher Verband für Angewandte Geographie (DVAG):
Adenauerallee 13c, 53111 Bonn, Tel.: 0228 9148811, Fax: 0228 9148849.
Homepage: http://www.giub.uni-bonn.de/dvag/

Verband Deutscher Schulgeographen (VDS):
Breslauer Straße 34, 75015 Bretten, Tel.: 07252 957336, Fax: 07252 957337
Homepage: http://www.erdkunde.com/

Hochschulverband für Geographie und ihre Didaktik (HGD):
Katholische Universität Eichstätt, Ostenstraße 18, 85072 Eichstätt, Tel.: 08421 931394, Fax: 08421 931787
Homepage: http://www.ku-eichstaett.de/hp/

Und nun noch eins zum Schluß:

Viel Erfolg bei Ihrer Abschlußarbeit und Ihren Prüfungen!

8 Literaturhinweise

Zu dem Gesamtkomplex der hier angesprochenen Fragen gibt einige Literatur. Was die Orientierung im Fach betrifft, erinnern wir zunächst an einen in Vergessenheit geratenen „Klassiker", der aus seiner Zeit heraus zu verstehen ist. Im Rahmen der studentischen Unruhen am Ende der 60er und zu Beginn der 70er Jahre wurden auch Lehr- und Lerninhalte der Geographie überdacht; manche Kritik von damals ist inzwischen überwunden, andere erwies sich als konstruktiv und für Forschung und Lehre förderlich. Aus dieser Zeit stammt das von D. BARTELS und G. HARD 1975 in zweiter Auflage vorgelegte „Lotsenbuch", das, bewußt provokant formuliert, als methodisch-inhaltliche Orientierungshilfe für Geographiestudierende gedacht war und u.a. eine umfassende Rezeption des angloamerikanischen Fachschrifttums einleitete. Die beiden jüngeren Einführungen in das Studium der Geographie (BORSDORF 1999; LESER und SCHNEIDER-SLIWA 1999) sind als Begleiter durch das Studium, insbesondere als Einstiegslektüre gedacht. Eine Hilfestellung – auch mit Hinweisen auf Studien- und Prüfungsordnungen - leistet der von HEINRITZ und WIESSNER (1997) vorgelegte Studienführer für das Fach Geographie mit klaren, ausgewogenen Standortbestimmungen. Einige gute Handreichungen für verschiedene Studienabschnitte bis hin zum Examen erschienen als Manuskript mit Werkstattcharakter vervielfältigt in Institutsreihen und erlangten daher nur selten überregionale Verbreitung (z. B. ECK 1983; SEDLACEK 1987).

Ferner gibt es selbstverständlich eine Vielzahl an Büchern, die sich direkt mit Anleitungen und Hinweisen zum wissenschaftlichen Arbeiten allgemein sowie fächerübergreifend zum Schreiben von Abschlußarbeiten befaßt. Diese allgemeinen Werke, die sich mit einigen zur Studierfähigkeit gehörenden Techniken des Studiums befassen - darunter mit wissenschaftlichem Arbeiten, der Gestaltung des Arbeitsplatzes, dem Aufstellen von Zeit- und Arbeitsplänen, mit dem Hören und Protokollieren, der Technik des Lesens, mit Ordnungssystemen sowie dem sinnvollen Lernen -, sollen hier nicht ausführlicher diskutiert werden. Hierzu zählen BAUMER 1967, FRANCK 1998, HÜLSHOFF/ KALDEWEY 1976: 30-52, 80-99, KLIEMANN 1966: 59-100, SESINK 1994: 8-50 sowie STANDOP 1995. Zu den Publikationen über wissenschaftliches Arbeiten gehören Standardwerke wie ECO (1992: „Wie man eine wissenschaftliche Abschlußarbeit schreibt"), FRANCK (1998: „Fit fürs Studium. Erfolgreich reden, lesen, schreiben"), KRÄMER (1995: „Wie schreibe ich eine Seminar-, Examens- und Diplomarbeit"; 1999: „Wie schreibe ich eine Seminar- oder Examensarbeit?"), SESINK (1994: „Einführung in das wissenschaftliche Arbeiten ohne und mit PC") und STANDOP (1995: „Die Form der wissenschaftlichen Arbeit"). ECO konzentriert sich in unkonventionell-kritischer Weise, manchmal aber fast ausschließlich auf Arbeiten in den historischen und politischen Wissenschaften. KRÄMER ist unseres Erachtens die geeignetste Einführung zum Schreiben einer Abschlußarbeit, da dieses Buch kompakt und auf das Wesentlichste konzentriert verfaßt ist, viele anschauliche Beispiele und arbeitstechnische Tips gibt. FRANCK geht auch auf andere Studiertechniken ein und gibt zahlreiche praktische Hinweise. SESINK enthält ausgesprochen praktische Hinweise, geht aber (u.E. zu) umfangreich auf Fragen der Gestaltung der Abschlußarbeit mit dem Computer ein. Die Arbeit von STANDOP ist ebenso gründlich wie streckenweise formalistisch. In dem Buch von BEER und FISCHER (2000) sind die Kapitel zum Lesen und Exzerpieren sowie zu Sprache und Schreiben sehr empfehlenswert für die Anfertigung der Abschlußarbeit. Ferner sind BECKER 1994, BÖNSCH 1996 sowie NICOL/ALBRECHT 1997 für die unterschiedlichsten Fachgebiete zu nennen. Natürlich gibt es weitere Arbeiten, auf die wir - keine Vollständigkeit des Literaturüberblicks anstrebend - nicht eingehen wollen. Und wenn es zwischen ernsten Gedanken und ernstgemeinten Hinweisen auch etwas Auflockerung sein darf, sind die von NARR und STARY (1999) zusammengestellten Tips zu empfehlen.

Sicher gibt es auch im Internet verschiedene Hilfen und Hinweise; wir haben jedoch hiernach nicht systematisch gesucht. Hinweise für Diplom- und Seminararbeiten aus der Geographie finden sich beispielsweise unter: http://www.wigeo.bwl.uni-muenchen.de/studium/studinfo.htm.
Besonders hilfreiche Internetseiten bei der Informationssuche über Prüfungs- und Studienordnungen wurden bereits genannt (Kap. 2.2).

8.1 Zitierte Literatur

Wir nennen im folgenden nur die zitierte Literatur. Auf eine Zusammenstellung eines „Kanons" examensträchtiger Werke (Lehrbücher, wichtige Aufsätze, Fachzeitschriften usw.) sei hier verzichtet, weil darauf die Grundvorlesungen und weiterführenden Lehrveranstaltungen sowie Examenskolloquien eingehen.

BARTELS, D., G. HARD (1975): Lotsenbuch für das Studium der Geographie als Lehrfach. Bonn[2].

BAUMER, F. (1967): Gewußt wo - gewußt wie. Eine Anleitung zur Methodik der geistigen Arbeit. Stuttgart.

BECKER, F.G. (1994): Anleitung zum wissenschaftlichen Arbeiten: Wegweiser zur Anfertigung von Haus- und Diplomarbeiten. Bergisch Gladbach.

BEER, B., H. FISCHER (2000): Wissenschaftliche Arbeitstechniken in der Ethnologie. Eine Einführung. Berlin.

BÖNSCH, A. (1996): Wissenschaftliches Arbeiten: Seminar- und Diplomarbeiten. München[5].

BORSDORF, A. (1999): Geographisch denken und wissenschaftlich arbeiten. Eine Einführung in die Geographie und in Studientechniken. Gotha (= Perthes Geographie Kolleg).

DÜRR, H. (1996): Ein Verfahren zur Bewertung von Diplomarbeiten und Hausarbeiten - Verwendet in der Übung „Einführung in wissenschaftliche Arbeitsmethoden" im WS 1995/96. Zur Diskussion gestellt im Geographischen Institut der Ruhr-Universität Bochum. - In: Rundbrief Geographie 134: 6-7.

ECK, H. (1983): Methoden wissenschaftlichen Arbeitens. Eine Einführung für Geographiestudenten. Tübingen (= Werkhefte der Universität Tübingen, Reihe A, 7).

ECO, U. (1992): Wie man eine wissenschaftliche Abschlußarbeit schreibt. Doktor-, Diplom- und Magisterarbeit in den Geistes- und Sozialwissenschaften. Heidelberg[5].

EHLERS, E., A. DITTMANN (Hg.; 1999): Geographisches Taschenbuch 1999/2000. Stuttgart[25].

FRANCK, N. (1998): Fit fürs Studium. Erfolgreich reden, lesen, schreiben. München.

HEINRITZ, G., R. WIESSNER (1997): Studienführer Geographie. Deutschland, Österreich, Schweiz. Braunschweig[2] (= Das Geographische Seminar).

HÜLSHOFF, F., R. KALDEWEY (1976): Training Rationeller lernen und arbeiten. Stuttgart.

KLIEMANN, H. (1966): Anleitungen zum wissenschaftlichen Arbeiten. Praktische Ratschläge und erprobte Hilfsmittel. Freiburg.

KRÄMER, W. (1994): So überzeugt man mit Statistik. Frankfurt.

KRÄMER, W. (1995): Wie schreibe ich eine Seminar-, Examens- und Diplomarbeit: eine Anleitung zum wissenschaftlichen Arbeiten für Studierende aller Fächer an Universitäten, Fachhochschulen und Berufsakademien. Stuttgart[4].

KRÄMER, W. (1997): So lügt man mit Statistik. Frankfurt[7].

KRÄMER, W. (1999): Wie schreibe ich eine Seminar- oder Examensarbeit? Frankfurt.

LESER, H., R. SCHNEIDER-SLIWA (1999): Geographie. Eine Einführung. Braunschweig (= Das Geographische Seminar).

NARR, W.-D., J. STARY (Hg.; 1999): Lust und Last des wissenschaftlichen Schreibens. Hochschullehrerinnen und Hochschullehrer geben Studierenden Tips. Frankfurt a.M.

NICOL, N., R. ALBRECHT (1997): Wissenschaftliche Arbeiten schreiben auf WinWord 97: formvollendete und normgerechte Examens-, Diplom- und Doktorarbeiten. Bonn.

Orbis Geographicus 1992/1993. World Directory of Geography (1992). Stuttgart.

OTT, TH., P. THIEDEMANN (1999): Internet für Geographen. Eine praxisorientierte Einführung. Darmstadt.

SEDLACEK, P. (1987): Anleitung zur formalen Gestaltung schriftlicher Arbeiten. Münster.

SESINK, W. (1994): Einführung in das wissenschaftliche Arbeiten ohne und mit PC. München[2].

STANDOP, E. (1995): Die Form der wissenschaftlichen Arbeit. Heidelberg[14].

8.2 Zitierte Prüfungsordnungen

Alle durchgesehenen Prüfungsordnungen aufzuführen, verbietet sich aus Platzgründen. In vielen Fällen verweist die Internet-Homepage der Geographischen Institute auf Studienhinweise, die oft auch Studien- und Prüfungsordnungen umfassen. Die *links* zu den Geographischen Instituten in Deutschland, Österreich und der Schweiz finden Sie unter: http://www.geographie.de/institute/. Im folgenden sind die zitierten Prüfungsordnungen aufgeführt.

Rahmenordnung für die Diplomprüfung im Studiengang Geographie, beschlossen von der Konferenz der Rektoren und Präsidenten der Hochschulen in der Bundesrepublik **Deutschland** am 13.2.1990 und von der Ständigen Konferenz der Kulturminister der Länder in der Bundesrepublik Deutschland am 9.11.1990.

Verordnung des Kultusministeriums über die Wissenschaftliche Prüfung für das Lehramt an Gymnasien. Vom 2. Dezember 1977. - In: Gesetzblatt für **Baden-Württemberg** 1978, Nr. 1: 1-45.

*Verordnung über die Ersten Staatsprüfungen für Lehrämter im Lande **Niedersachsen** (PVO-LehrI). Vom 27.6.1986.* http://www.geographie.uni-osnabrueck.de/studprf/la_gym.htm

LPO (Ordnung der Ersten Staatsprüfung für Lehrämter an Schulen (Lehramtsprüfungsordnung)) vom 23.8.1994, geändert durch Verordnung vom 19.11.1996. In: Ministerium für Schule und Weiterbildung des Landes **Nordrhein-Westfalen** und Ministerium für Wissenschaft und Forschung des Landes Nordrhein-Westfalen (Hg.): Ausbildung der Lehrerinnen und Lehrer. Studium und Erste Staatsprüfung, Vorbereitungsdienst und Zweite Staatsprüfung. Düsseldorf[2] 1997: 43-215.

*Ministerium für Schule und Weiterbildung des Landes Nordrhein-Westfalen und Ministerium für Wissenschaft und Forschung des Landes **Nordrhein-Westfalen*** (Hg.; 1997): Ausbildung der Lehrerinnen und Lehrer. Studium und Erste Staatsprüfung, Vorbereitungsdienst und Zweite Staatsprüfung. Düsseldorf[2].

Internetangaben zum Examen an der RWTH **Aachen**:
http://www.rwth-aachen.de/geo/Ww/deutsch/examen.html

Humboldt-Universität **Berlin**, Diplomprüfungsordnung:
http://www2.hu-berlin.de/geoinf/gi/sgaenge/p_diplom.html

Internetangaben zum Diplom an der Ruhr-Universität **Bochum**:
http://www.geographie.ruhr-uni-bochum.de/studium/diplom.html

*Diplomprüfungsordnung für den Studiengang Geographie an der Rheinischen Friedrich-Wilhelms-Universität **Bonn** vom 17. Juli 1985.* GABI.NW. 9/1985.

*Diplomprüfungsordnung für den Studiengang Geographie an der Rheinischen Friedrich-Wilhelms-Universität **Bonn** vom 8. Februar 1996.* GABI. NW. II Nr. 5/96.

Studienführer für das Studium der *Geographie* an der Universität **Bonn** (1998). Bonn[10].

*Studienordnung für den Studiengang mit dem Abschluß Diplom an der Rheinischen Friedrich-Wilhelms-Universität **Bonn** vom 11. Januar 1989.* - In: Amtliche Bekanntmachungen der Rheinischen Friedrich-Wilhelms-Universität Bonn 19 (2) 25. Januar 1989.

*Diplomprüfungsordnung für den Studiengang Geoökologie der Technischen Universität **Braunschweig*** in der Fassung vom 9.10.1997 mit der 1. Änderung vom 24.8.1998.
http://www.tu-bs.de/FachBer/fb2/studium/allgemein/geo/DPOGÖ98.html

*Ordnung für die Prüfung zur Magistra Artium oder zum Magister Artium der Philosophischen Fakultät der Heinrich-Heine-Universität **Düsseldorf** vom 19.3.1998* in der Fassung der Änderungen vom 3.7.1998 und vom 14.9.1998.
http://www.phil-fak.uni-duesseldorf.de/dekanat/mpampo98/allgem/html

*Prüfungsordnung für den Diplomstudiengang Geographie an der Katholischen Universität **Eichstätt** vom 15.7.1995.* http://www.ku-eichstaett.de/MGF/geo/beratung/pruef-o.html

Magister-Prüfungsordnung der Philosophischen Fakultäten. **Freiburg** 1996 (= Studienpläne und Prüfungsordnungen der Albert-Ludwigs-Universität Freiburg im Breisgau). Bekannt gemacht im Amtsblatt des Ministeriums für Wissenschaft und Forschung am 19. Oktober 1995 (Satzung vom 6.9.1995) und am 19. März 1996 (Berichtigung).

Ordnung für die akademische Abschlußprüfung (Magisterprüfung) der Philosophischen Fakultäten. **Freiburg** o.J. (= Studienpläne und Prüfungsordnungen der Albert-Ludwigs-Universität Freiburg im Breisgau). Bekanntmachung vom 18.4.1984 (Wissenschaft und Kunst, S. 328ff.) [allg. Teil] bzw. 18.4.1984 (Wissenschaft und Kunst, S. 332), 8.6.1984 (Wissenschaft und Kunst, S. 371), 21.9.1984 (Wissenschaft und Kunst, S. 474).

*Prüfungsordnung der Universität **Freiburg** für den Magisterstudiengang der Naturwissenschaftlichen Fakultäten* (Magister Scientiarum) vom 09. November 1990. - In: Wissenschaft und Kunst 1991, S. 46ff.; dazu: Zweite Satzung zur Änderung (1998).

*Diplom-Prüfungsordnung des Fachbereichs Geowissenschaften und Geographie der Justus-Liebig-Universität **Gießen*** für den Studiengang „Geographie" mit dem Abschluß „Diplom-Geographin/Diplom-Geograph". Gießen 1999: 7-34.

*Fachprüfungsordnung für den Diplomstudiengang Geographie an der Ernst-Moritz-Arndt-Universität **Greifswald** vom 2.9.1998.* http://www.uni-greifswald.de/~alg-stud/sg/pruef-ord/Po_geogr.html

Internetangaben zum Diplom an der Universität **Hannover**:
http://www.geog.uni-hannover.de/GeoInst/Lehre/Prufungen/body_prufungen.html

*Prüfungsordnung der Universität **Heidelberg** für den Diplomstudiengang Geographie vom 9.6.1986.* Letzte Änderung 26.7.1989. Veröffentlicht im Amtsblatt „Wissenschaft und Kunst" 18.8.1986: 432, geändert am 26.7.1989: 387.

*Diplomprüfungsordnung für den Studiengang Geographie an der Friedrich-Schiller-Universität **Jena** vom 7.7.1992,* zuletzt geändert am 1.7.1998.
http://www.geogr.uni-jena.de/~c5rajo/po_sto/diplom/Dpo99.html

Diplomprüfungsordnung für den Studiengang Geographie an der Universität zu **Köln** *vom 10.12.1996.* Amtliche Mitteilungen 27/97.

Studienordnung für Studierende an der Mathematisch-Naturwissenschaftlichen Fakultät der Universität zu **Köln** mit dem Studienziel Diplom-Geographin oder Diplom-Geograph vom 10.12.1996. Amtliche Mitteilungen 30/97.

Studienführer Geographie, Diplom, Universität **Leipzig** o.J.

Diplomprüfungsordnung für den Studiengang Geographie an der Universität **Osnabrück** vom 17.6.1998. http://www.geographie.uni-osnabrueck.de/studprf/DPOneu.html

Magisterprüfungsordnung für die Philosophische Fakultät der Universität **Passau** vom 19.8.1982 in der Fassung der Zwanzigsten Änderungssatzung vom 3.4.1998. Passau.

Prüfungsordnung für den Diplomstudiengang „Sprachen, Wirtschafts- und Kulturraumstudien" der Universität **Passau** vom 23.11.1989 in der Fassung der Zehnten Änderungssatzung vom 15.9.1998. Passau.

Studien- und Prüfungsordnung der Universität Stuttgart für den Diplomstudiengang Geographie vom 30.7.1998. http://www.uni-stuttgart.de/geographie/frame_lehre_studplan.html

Diplomprüfungsordnung für Studierende der Geographie ... an der Universität **Trier** vom 12.11.1998. Staatsanzeiger für Rheinland-Pfalz 46 vom 14.12.1998.

Internetinformationen zur Magisterprüfung an der Universität **Würzburg**: http://www.zv.uni-wuerzburg.de/Studienberatung/magister.html

8.3 Weiterführende Literatur zu Methoden in der Geographie

Bei den folgenden Literaturangaben handelt es sich jeweils um einige ausgewählte einführende Titel zu verschiedenen Methoden (mit subjektiven Schwerpunkten...).

Methoden der Physischen Geographie

BADER, F.J.W. (1975): Einführung in die Geländebeobachtung. Darmstadt.

BARSCH, H., K. BILLWITZ, E. SCHOLZ (1984): Labormethoden in der physischen Geographie. Gotha.

BARSCH, H. et al. (1990): Physisch-geographische Arbeitsmethoden. Gotha.

HAASE, G. et al. (1991): Naturraumerkundung und Landnutzung. Geochorologische Verfahren zur Analyse, Kartierung und Bewertung von Naturräumen. Berlin (= Beiträge zur Geographie 34).

HEYER, E. et al. (1968): Arbeitsmethoden in der physischen Geographie. Berlin.

LESER, H. (1977): Feld- und Labormethoden der Geomorphologie. Berlin.

Methoden der Anthropo-/Kulturgeographie; statistisch-mathematische Methoden

BAHRENBERG, G., E. GIESE, J. NIPPER (1999): Statistische Methoden in der Geographie. Bd. 1. Univariate und bivariate Statistik. Stuttgart[4].

BAHRENBERG, G., E. GIESE, J. NIPPER (1992): Statistische Methoden in der Geographie. Bd. 2. Multivariate Statistik. Stuttgart[2].

HANTSCHEL, R., E. THARUN (1980): Anthropogeographische Arbeitsweisen. Braunschweig (= Das Geographische Seminar).

WESSEL, K. (1996): Empirisches Arbeiten in der Wirtschafts- und Sozialgeographie. Eine Einführung. Paderborn.

Methoden der empirischen Regionalforschung

BOUSTEDT, O. (1975): Grundriß der empirischen Regionalforschung. Bd. 1-4. Hannover (= Taschenbücher zur Raumplanung 4-7).

GÜSSEFELDT, J. (1988): Kausalmodelle in Geographie, Ökonomie und Soziologie. Eine Einführung mit Übungen und einem Computerprogramm. Heidelberg.

GÜSSEFELDT, J. (1996): Regionalanalyse. Methodenhandbuch und Programmsystem GraphGeo (DOS). München.

HAGGETT, P. (1973): Einführung in die wirtschafts- und sozialgeographische Regionalanalyse. Berlin.

Methoden der empirischen Sozialforschung, Konzeption und Anlage von Interviews und Fragebögen

ATTESLANDER, P. (1993): Methoden der empirischen Sozialforschung. Berlin[7].

BEST, H. et al. (Hg.; 1994): Informations- und Wissensverarbeitung in den Sozialwissenschaften. Beiträge zur Umsetzung neuer Informationstechnologien. Opladen.

FRIEDRICHS, J. (1990): Methoden empirischer Sozialforschung. Opladen[14].

GARZ, D., K. KRAIMER (Hg.; 1991): Qualitativ-empirische Sozialforschung. Konzepte, Methoden, Analysen. Opladen.

KOENIG, R. (Hg.; 1962/69): Handbuch der empirischen Sozialforschung. Band I, Band II. Stuttgart.

KOENIG, R. (Hg.; 1968): Beobachtung und Experiment in der Sozialforschung. Praktische Sozialforschung 2. Köln.

KOOLWIJK, J.v., M. WIEKEN-MAYSER (1987): Techniken der empirischen Sozialforschung. Bd. 1: Methoden der Netzwerkanalyse. München.

KRÄMER, St., S. STRAMBACH (1991): Die standardisierte Unternehmensbefragung im Methoden-Mix: Ein Weg zu Repräsentativität? - In: Geographische Rundschau 79 (2): 113-128.

MAINDOK, H. (1996): Professionelle Interviewführung in der Sozialforschung. Interviewtraining: Bedarf, Stand und Perspektiven. Pfaffenweiler.

MAYNTZ, R., K. HOLM, P. HÜBNER (1969): Einführung in die Methoden der empirischen Sozialforschung. Köln.

ROTH, E., K. HEIDENREICH (Hg.; 1995): Sozialwissenschaftliche Methoden. Lehr- und Handbuch für Forschung und Praxis. München[4].

SCHNELL, R., P.B. HILL, E. ESSER (1993): Methoden der empirischen Sozialforschung. München[4].

WEIKL, C., R. COHRS, B. BRAUN (1996): Unternehmensbefragungen in der industriegeographischen Forschung. Ein praxisorientierter methodischer Leitfaden. Bonn (= Bonner Beiträge zur Geographie 5).

WENTURIS, N., W. VAN HOVE, V. DREIER (1992): Methodologie der Sozialwissenschaften. Eine Einführung. Tübingen.

Methoden der qualitativen Sozialforschung, Methode der teilnehmenden Beobachtung, Experteninterviews usw.

FISCHER, H. (Hg.; 1985): Feldforschungen. Berichte zur Einführung in Probleme und Methoden. Berlin.

FLICK, U. et al. (Hg.; 1991): Handbuch Qualitative Sozialforschung. Grundlagen, Konzepte, Methoden und Anwendungen. München.

HEINZE, T. (1995): Qualitative Sozialforschung. Opladen[5].

HOFFMEYER-ZLOTNIK, J.H.P. (Hg.; 1992): Analyse verbaler Daten. Opladen.

JEGGLE, U. (1984): Feldforschung. Qualitative Methoden in der Kulturanalyse. Tübingen (= Untersuchungen des Ludwig-Uhland-Instituts der Universität Tübingen im Auftrag der Tübinger Vereinigung für Volkskunde 62).

KLEINING, G. (1982): Umriß zu einer Methodologie qualitativer Sozialforschung. - In: Kölner Zeitschrift für Soziologie und Sozialpsychologie 34: 224-253.

LAMNEK, S. (1993): Qualitative Sozialforschung. Band 1 und 2. Weinheim[2].

MAYRING, P. (1993): Einführung in die qualitative Sozialforschung. Weinheim[2].

NIEDZWETZKI, K. (1984): Möglichkeiten, Schwierigkeiten und Grenzen qualitativer Verfahren in den Sozialwissenschaften. Ein Vergleich zwischen qualitativer und quantitativer Methode unter Verwendung empirischer Ergebnisse. - In: Geographische Zeitschrift 72 (2): 65-80.

SEDLACEK, P. (Hg.; 1989): Programm und Praxis qualitativer Sozialforschung. Oldenburg (= Wahrnehmungsgeographische Studien zur Regionalentwicklung 6).

WILSON, T.P. (1982): Qualitative „oder" quantitative Methoden in der Sozialforschung. - In: Kölner Zeitschrift für Soziologie und Sozialpsychologie 34: 469-486.

Luft- und Satellitenbildauswertung

ALBERTZ, J. (1991): Grundlagen der Interpretation von Luft- und Satellitenbildern. Eine Einführung in die Fernerkundung. Darmstadt.

BÄHR, H.-P. (Hg.; 1985): Digitale Bildverarbeitung. Anwendung in Photogrammetrie und Fernerkundung. Karlsruhe.

HABERÄCKER, P. (1989): Digitale Bildverarbeitung. München[3].

HILDEBRANDT, G. (1996): Fernerkundung und Luftbildmessung für Forstwirtschaft, Vegetationskartierung und Landschaftsökologie. Heidelberg.

JENSEN, J.R. (1996): Introductory Digital Image Processing. A Remote Sensing Perspective. New Jersey[2].

LÖFFLER, E. (1994): Geographie und Fernerkundung. Stuttgart[2].

Geographische Informationssysteme

BILL, R. (1996): Grundlagen der Geo-Informationssysteme. Bd. 2: Analysen, Anwendungen und neue Entwicklungen. Heidelberg.

BILL, R., D. FRITSCH (1991): Grundlagen der Geo-Informationssysteme. Bd. 1: Hardware, Software und Daten. Karlsruhe.

BILL, R., D. FRITSCH (Hg.; 1992): Geoinformationssysteme in der Ausbildung. Stuttgart (= Schriftenreihe des Instituts für Photogrammetrie der Universität Stuttgart 16).

CASTLE, G.H. (ed.; 1993): Profiting from a Geographic Information System. Fort Collins.

DOHERR, D. (1993): Geo-Informationssysteme in den Geowissenschaften. Definition, Aufbau und Einsatzmöglichkeiten. Bonn (= Schriftenreihe des Berufsverbands Deutscher Geologen, Geophysiker und Mineralogen 9).

GOSSMANN, H., H. SAURER (Hg.; 1991): GIS in der Geographie. Ergebnisse des Arbeitskreises GIS 1989-1991. Freiburg i.Br. (= Freiburger Geographische Hefte 34).

HAKE, G., D. GRÜNREICH (1994): Kartographie. Berlin[7].

HUXHOLD, W.E. (1991): An Introduction to Urban Geographic Information Systems. Oxford.

KRAAS, F., V. WESSELS, K. ZEHNER (1996): Geographische Informationssysteme in Lehre und Praxis. Einführung in das Programm Atlas*GIS. Bonn[2] (= Bonner Beiträge zur Geographie 2).

LAURINI, R., D. THOMPSON (1992): Fundamentals of Spatial Information Systems. London.

MAGUIRE, D.J., M.F. GOODCHILD, D.W. RHIND (eds.; 1991): Geographical Information Systems: Principles and Applications. 2 Vols. Essex.

MARGRAF, O. (1994): Zum Aufbau länderkundlicher Geographischer Informationssysteme. - In: Europa regional 2 (1): 27-40.

MARTIN, D. (1991): Geographic information systems and their socioecenomic applications. London.

SAURER, H., F.-J. BEHR (1997): Geographische Informationssysteme. Eine Einführung. Darmstadt.

SIMONETT, O.G. (1993): Geographic Information Systems for Environment and Development. Nairobi (= Global Resource Information Database (GRID) Information Series No. 19).

Sachverzeichnis